职业教育课程创新精品系列教材

焊接工艺与操作技术

主　编　王美姣　任艳艳　王东辉
副主编　张怡青　鲁训祥　王春雷
参　编　张　娜　谢胜利　武继旭

北京理工大学出版社
BEIJING INSTITUTE OF TECHNOLOGY PRESS

内 容 简 介

本书基于工作过程系统化等先进职教理念，从职业院校实际教学使用出发，结合企业实际岗位职业能力要求，由校企合作共同开发，对焊接工艺理论知识及焊接操作技术进行了梳理和阐述。全书采用模块化设计，共设立了五个模块，包括初识焊接、焊条电弧焊、CO_2 气体保护电弧焊、非熔化极惰性气体保护焊和气焊。

本书关键的知识点及技能点设置了相应二维码，扫码即可观看教学视频，增强了直观性、趣味性和交互性，给学生提供了全新的阅读、学习体验，有助于打造“以学生为中心”的职业教育课堂，帮助学生理解教材内容，方便其课前预习与课后复习。

本书既可作为中高职院校智能焊接技术等相关专业的教材或焊工岗位培训用书，也可作为中高职院校机电及相关专业学生的实践选修课教材，同时可供有关技术人员参考。

图书在版编目(CIP)数据

焊接工艺与操作技术 / 王美姣，任艳艳，王东辉主编. -- 北京：北京理工大学出版社，2021. 11

ISBN 978-7-5763-0596-8

Ⅰ. ①焊… Ⅱ. ①王… ②任… ③王… Ⅲ. ①焊接工艺-职业教育-教材 Ⅳ. ①TG44

中国版本图书馆 CIP 数据核字(2021)第 220395 号

出版发行 / 北京理工大学出版社有限责任公司
社　　址 / 北京市海淀区中关村南大街 5 号
邮　　编 / 100081
电　　话 / (010)68914775(总编室)
　　　　　(010)82562903(教材售后服务热线)
　　　　　(010)68944723(其他图书服务热线)
网　　址 / http://www.bitpress.com.cn
经　　销 / 全国各地新华书店
印　　刷 / 定州市新华印刷有限公司
开　　本 / 889 毫米×1194 毫米　1/16
印　　张 / 10.5
字　　数 / 210 千字
版　　次 / 2021 年 11 月第 1 版　2021 年 11 月第 1 次印刷
定　　价 / 31.00 元

责任编辑 / 陆世立
文案编辑 / 陆世立
责任校对 / 周瑞红
责任印制 / 边心超

前言

教材是解决“培养什么人、怎样培养人、为谁培养人”这一系列根本问题的重要载体，是国家意志在教育领域的直接体现，关系到教育的意识形态导向和人才培养质量。加快职业教育教材改革创新，是国家大力推动职业教育教学改革的必然要求。2019 年，国务院印发《国家职业教育改革实施方案》，重点提出“倡导使用新型活页式、工作手册式教材并配套开发信息化资源”。教育部关于深入学习贯彻《国家职业教育改革实施方案》的通知，明确提出“办学标准要落实立德树人根本任务，深化专业、课程、教材改革，遴选发布一批校企‘双元’合作开发的国家规划教材”。

纵观当前我国职业教育焊接相关专业教材建设现状，教材开发水平和质量参差不齐，存在教材内容与行业、企业的生产实际脱节，不能体现真实生产过程，教材载体多是传统的纸质教材，教材拓展的广度、深度不足，缺乏信息化资源和在线课程配套等问题。编者针对焊接专业职业性、实践性、灵活性强的特点，依据焊接专业教学标准，对接行业标准、职业标准和岗位规范，编写了这本具有鲜明职业教育特色的教材。

本教材采用模块化设计，共设立了五个模块。模块一初识焊接主要介绍焊接基本理论和专业术语，使读者对焊接有一个全面了解，为后面知识的学习做准备。模块二至模块五主要介绍了常用的几种焊接方法的焊接工艺和操作技能，包括焊条电弧焊、CO_2 气体保护焊、非熔化极惰性气体保护焊和气焊。每个模块由知识单元和任务两部分组成，知识单元主要针对特定焊接方法，从原理、材料、焊接参数和设备等方面进行详细介绍，为任务做知识储备。任务以工作过程为导向，按照由简单到复杂的认知规律，引导学习者循序渐进地提高焊接操作技能。每个任务由任务目标、任务导入、任务分析、任务实施、任务评价、任务拓展六部分组成，融“教、学、做”为一体，使学生系统地掌握各种常用焊接方法的工艺及基本技能，成为能用理论知识指导实践、具有良好的职业道德、熟悉典型焊接工艺的实用型技术人才。另外，在每个任务中，对每道工艺步骤都进行了详细的分析和诠释，将操作技能图文并茂地描述给学习者。为便于学习者掌握，本教材重点知识和重要技能都配套了教学视频，学习者可以扫描二维码，进行在线学习。

本教材建议学时为 72 学时。其中，模块一建议 6 学时，模块二建议 24 学时，模块三建议 18 学时，模块四建议 12 学时，模块五建议 12 学时。本课程的教学建议在教、学、做一体化实训基地进行，实训基地中应具有教学区、工作区和资料区，应能满足学生自主学习和完成工作任务的需要。

本教材由河南职业技术学院、郑州煤矿机械集团股份有限公司、深圳市为汉科技有限公司联合开发，河南职业技术学院王美姣、任艳艳、王东辉任主编；河南职业技术学院张怡青、鲁训祥，深圳市为汉科技有限公司王春雷任副主编；河南职业技术学院张娜、郑州国电机械设计研究所有限公司谢胜利、郑州煤矿机械集团股份有限公司武继旭参编；全书由任艳艳统稿。具体编写分工如下：王美姣编写模块一的知识单元 1 至知识单元 3，任艳艳编写模块二，王东辉编写模块三的知识单元 1 至知识单元 4，张怡青编写模块四、模块五，鲁训祥编写模块三中的任务 1 至任务 4，张娜编写模块一的知识单元 4 和任务部分，王春雷、谢胜利、武继旭参与了大量的资料收集、稿件审核、案例整理和配套资源制作等工作。

在本教材编写过程中，编者与有关企业进行合作，得到了企业专家和专业技术人员的大力支持。珠海市技师学院陈钢、深圳市为汉科技有限公司研发总监黄娉、李惠萍等专家提出了许多宝贵意见和建议，同时河南职业技术学院焊接技术及自动化教研室的同仁给予了大力的支持与帮助，在此特向上述人员表示衷心的感谢。由于编者水平所限，书中不妥之处在所难免，恳请广大读者提出宝贵意见，我们将及时调整和改进，并表示诚挚的感谢！

编　者

目录

模块一

初识焊接

前情提要

焊接是将两种或两种以上同种或异种材料，通过加热或加压或同时加热又加压的方式，使其达到原子或分子间结合的工艺。用焊接制造金属件的最古老的方法是锻接，即用铁锤打击金属从而将金属与金属接合起来的方法。

1800年，英国的科学家发现了电弧。1885年，俄国的贝南多索发明了使用碳素电极在金属板之间生成碳素电弧的焊接方法。在此之后，同样是俄国的斯拉维阿诺夫于1892年发明了金属电弧焊接法。这就是现代电弧焊接的雏形。另外，1907年瑞典的科学家开发了药皮电弧焊条，为金属电弧焊接开创了新的道路，并被认为是近代药皮焊条电弧焊的基础。在此之后，人们又发明了利用各种能源进行焊接的方法。今天，焊接已成为不可缺少的金属材料加工手段之一。

学习目标

（1）了解焊接的基本原理等基础焊接知识。

（2）掌握焊接安全操作规范。

（3）了解焊接工业机器人的基本概念与组成。

（4）了解常见焊接质量检测方法。

（5）掌握X射线检测方法。

知识单元1 焊接原理

一、焊接的概念及分类

1. 焊接的概念

焊接是通过加热或加压或两者并用，并且用或不用填充材料，使两个分离工件达到具有原子间距的永久性结合的一种加工方法。

金属焊接与其他连接的最根本区别在于：通过焊接，两个构件不仅在宏观上形成了不可拆卸的永久性结合，而且在微观建立了组织上的内在联系。它使得两金属工件之间建立金属键，彼此达到原子的晶格间距（0.3~0.5 nm）的结合，致密性极高。

要想使两个金属构件的表面之间达到金属晶格间距，并形成原子间的结合力，焊接时必须输入一定的能量。实际生产中，能量输入可采取以下两大措施。

（1）加热。通过加热，使结合处达到塑性或熔化状态，破坏接触面的氧化膜，降低变形阻力，并增加原子振动能，促进扩散、结晶和再结晶过程的进行，从而使工件紧密接触，并形成原子间的结合力。图1-1-1（a）为以加热方式进行焊接的火焰钎焊。

（2）加压。通过施加压力，破坏接触面氧化膜，使结合处发生局部塑性变形，增加有效接触面积；当压力到达一定程度时，工件表面紧密接触，从而形成原子间的结合力。图1-1-1（b）为以加压方式进行焊接的摩擦焊。

（a）

（b）

图1-1-1 能量输入两大措施

（a）加热（火焰钎焊）；（b）加压（摩擦焊）

2. 焊接方法的分类

按焊接过程中金属所处的状态不同，焊接的方法可分为以下3类。

（1）熔焊——焊接时采用热能集中的热源，将待焊处的母材加热至熔化，但不加压，以实现焊接的方法，如图1-1-2（a）所示。

(2) 压焊——焊接时采用既加热又加压或单独加压以实现焊接的方法，如图 1-1-2 (b) 所示。

(3) 钎焊——采用比母材熔点低的钎料，焊接时将焊件和钎料加热至钎料熔化但母材不熔化的状态，利用液态钎料润湿母材、填充接头间隙、与母材相互扩散，以实现焊接的方法，如图 1-1-2 (c) 所示。

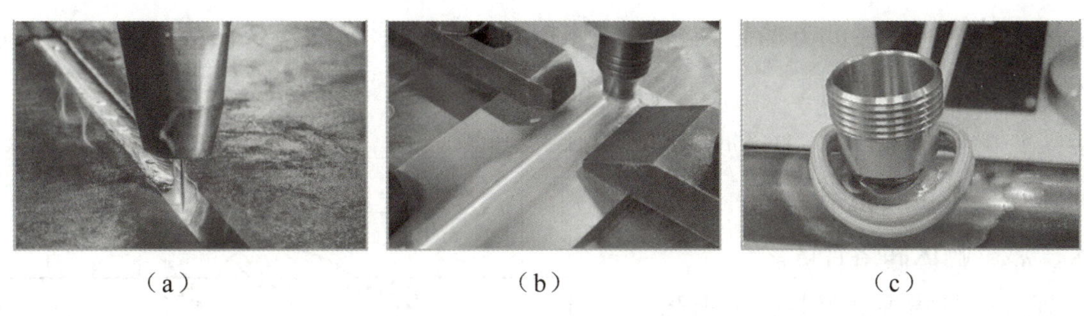
(a)　(b)　(c)

图 1-1-2　焊接方法分类

(a) 熔焊；(b) 压焊；(c) 钎焊

3. 常用焊接方法

常用焊接方法如图 1-1-3 所示。

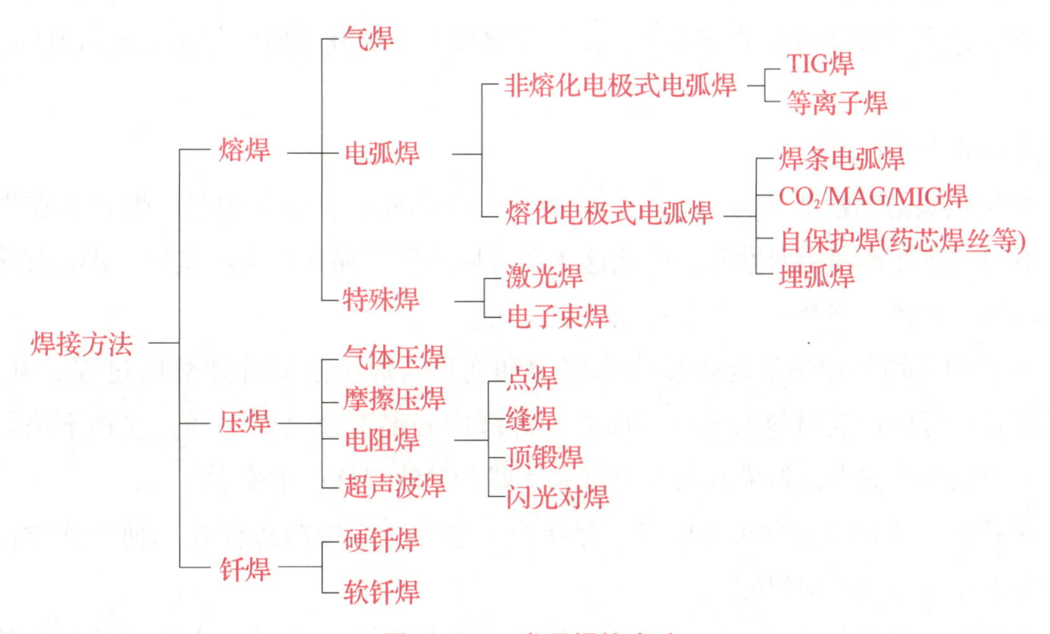

图 1-1-3　常用焊接方法

4. 焊接的应用及特点

随着各种新材料的不断开发，以及科学技术的不断发展，焊接技术已发展成为一门独立的学科。在石油化工、航空航天、桥梁建筑、船舶、电力电子、各种金属结构制造以及日常生活等方面，焊接已成为不可缺少的工艺方法，并发挥着越来越重要的作用。

焊接的主要特点如下：

(1) 焊接结构质量轻，节约材料；

(2) 焊接所需劳动量少，生产率高；

(3) 焊接接头强度高，密封性好；

(4) 加工方便，利于实现机械化和自动化。

二、焊接接头

1. 焊接接头的概念及组成

焊接接头就是用焊接的方法把两个工件连接在一起所形成的接头。焊接接头具有连接的作用，还具有传递力的作用。

焊接接头的组成如图 1-1-4 所示，电弧焊的焊接接头由三部分组成，分别是焊缝区、热影响区和熔合区。

(1) 焊缝区是指焊件经焊接后所形成的结合部分。

(2) 热影响区是指在焊接热循环的作用下，焊缝两侧处于固态的母材，发生明显的组织和性能变化的区域。

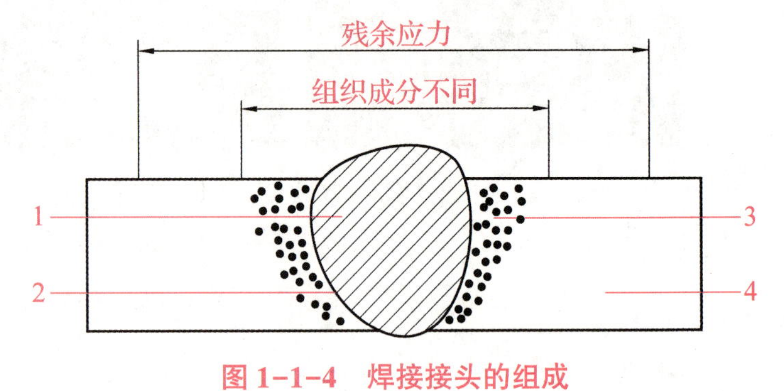

图 1-1-4 焊接接头的组成

1—焊接金属；2— 熔合线；3— 热影响区；4— 母材

(3) 熔合区是焊缝和母材的交界区，是指焊接接头中焊缝金属向热影响区过渡的区域。

2. 焊接接头的力学特点

焊接接头的力学特点如下。

(1) 焊接接头力学性能不均匀。由于焊接接头的焊缝区、热影响区、熔合区在焊接过程中经受了不同的热循环和应变循环，因此这 3 个区域的组织存在较大的差异。焊接接头各区域组织的不均匀，导致了整个接头力学性能的不均匀。

(2) 焊接的不均匀加热引起焊接残余应力和变形。焊接是局部加热的过程。电弧焊时，焊缝处最高温度可以达到材料的沸点，而离开焊缝中心温度会急剧下降。这种不均匀的温度场使焊件中产生残余应力，如果残余应力过大，就会导致焊件产生变形。

(3) 焊接接头工作应力分布不均匀，存在应力集中。焊接接头存在几何不连续性，导致了焊接接头工作应力是不均匀的。

(4) 焊接接头具有较大的刚性。通过焊接，焊缝与构件组成了一个不可拆卸的整体，与铆接或黏接相比，焊接接头具有较大的刚性。

3. 焊接接头的类型及特点

在焊条电弧焊中，按照焊件的结构形状、厚度及对强度、质量要求的不同，其接头形式也有所不同。焊接的接头形式主要有对接接头、搭接接头、角接接头及 T 形接头，如图 1-1-5 所示。

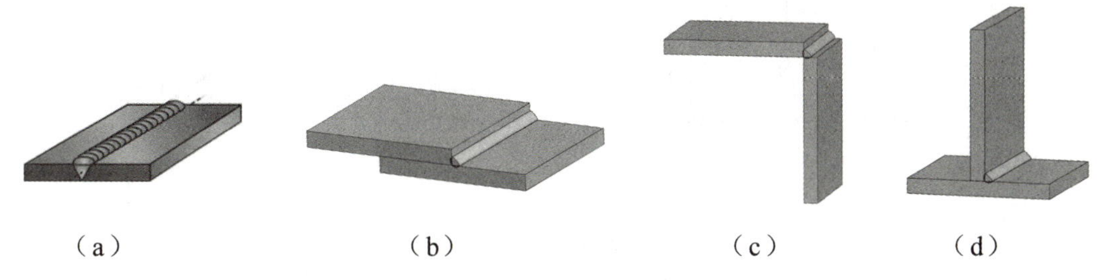

图 1-1-5　焊接接头形式

（a）对接接头；（b）搭接接头；（c）角接接头；（d）T 形接头

（1）对接接头：对接接头是指两焊件表面夹角为 135°~180°的接头。对接接头具有受力均匀、承载能力强、材料消耗少等优点，是各种焊接结构中采用最多的一种接头形式，适用于各种重要的受力构件。

（2）搭接接头：搭接接头是指将两焊件部分重叠起来进行焊接所形成的接头。搭接接头的形式如图 1-1-6 所示。搭接接头的特点是应力分布不均匀、疲劳强度较低，它不是理想的接头类型。但由于搭接接头的焊前准备及装配工作简单，因此在焊接结构中应用还是比较广泛的。该形式不适用于承受动载荷的焊接接头。

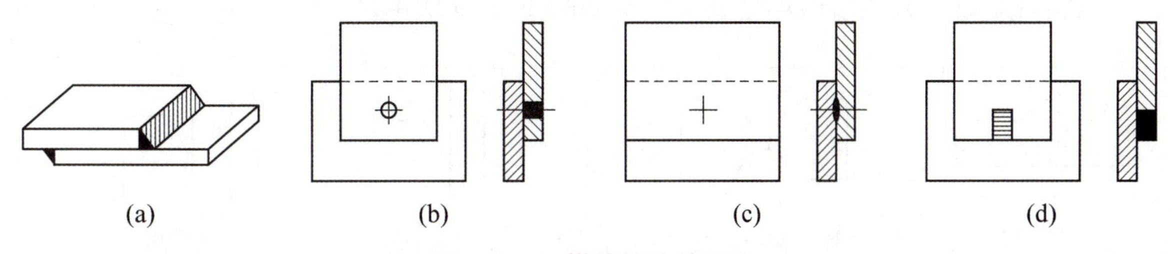

图 1-1-6　搭接接头的形式

（3）角接接头：角接接头是指两焊件端面间夹角为 30°~135°的接头，如图 1-1-7 所示。该接头承载能力较差，特别是当接头承受弯曲力时，焊根位置容易出现应力集中，而导致根部开裂。因此，这种接头形式常用于箱形结构中，而一般不用于重要结构中。

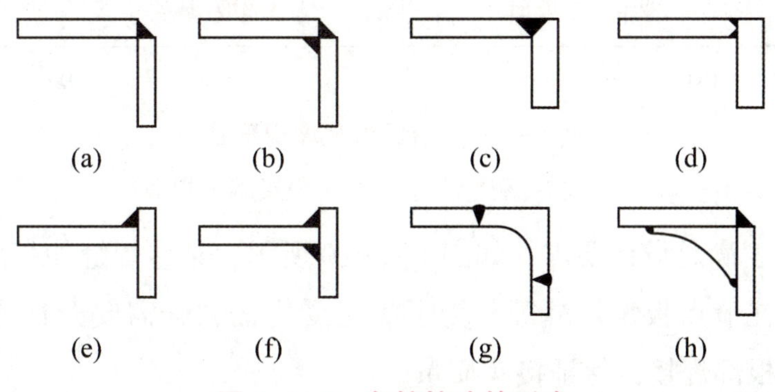

图 1-1-7　角接接头的形式

（4）T 形接头：T 形接头是指一焊件的端面与另一焊件表面构成直角或近似直角的接头，如图 1-1-8 所示。T 形接头的使用范围仅次于对接接头。这种接头能够承受各个方向的力和力矩，其强度和受力特点与对接接头相同，是特别适用于承受动载荷的接头。

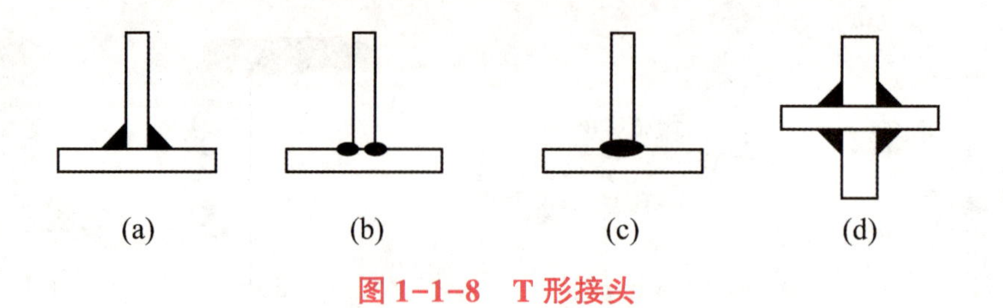

图 1-1-8 T 形接头

三、焊接坡口

1. 焊接坡口的形状

焊接坡口是为了设计和工艺的需要，在待焊接区域加工的一定几何形状的沟槽。

1）焊缝开坡口的作用

（1）保证焊缝熔透。某些焊缝如厚板对接焊缝、吊车梁工形盖板与腹板间角焊缝等，设计要求熔透焊。为了达到熔透效果，需要开坡口焊接。如果采用焊条电弧焊或 CO_2 气体保护焊，坡口根部留 2~3 mm 的钝边；如果采用埋弧焊，坡口根部留 3~6 mm 的钝边，并配合背面清根，可以实现熔透。典型熔透焊缝坡口形状如图 1-1-9 所示。

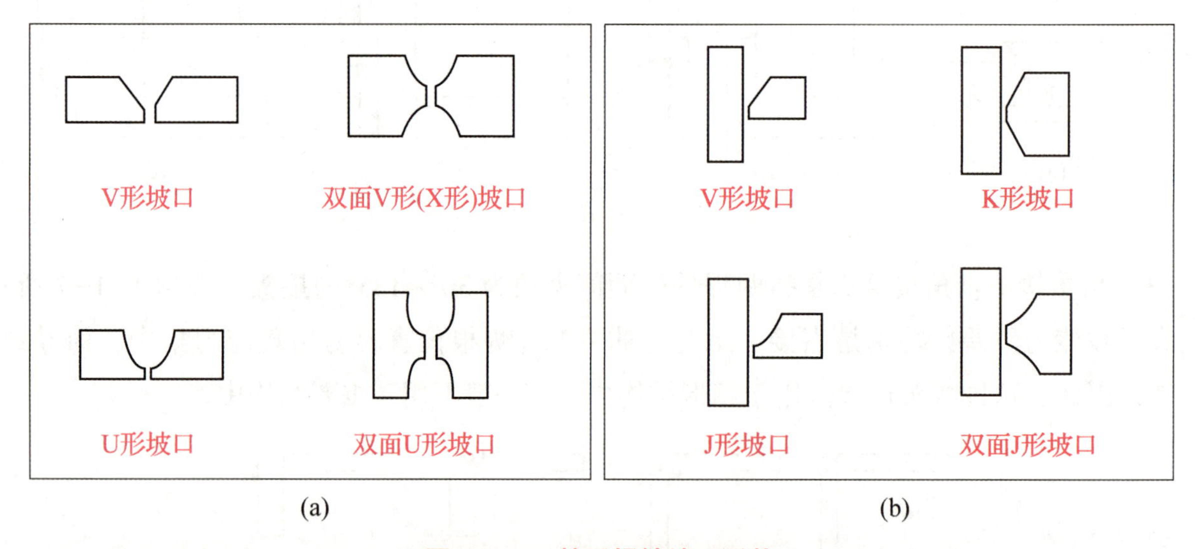

图 1-1-9 熔透焊缝坡口形状

（a）对接熔透焊缝；（b）角接熔透焊缝

（2）保证焊缝厚度满足设计要求，如图 1-1-10 所示。某些焊缝如高层建筑的箱型柱棱角焊缝、电站钢结构的柱节点板角焊缝等，为了满足受力需要，需要开适当坡口，使焊条或焊丝能够深入到接头的根部焊接，保证接头质量。

（3）减小焊缝金属的填充量，提高生产效率。某些受力较大的厚板角焊缝，如果焊接贴角焊缝，焊脚尺寸很大，焊缝金属的填充量就大。通过开适当坡口进行焊接，减少了焊缝金属的填充量，并有利于减少焊接变形，提高了生产效率。

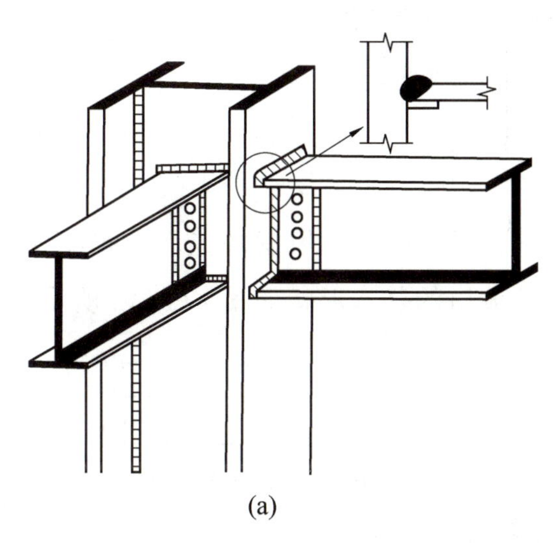

(a)

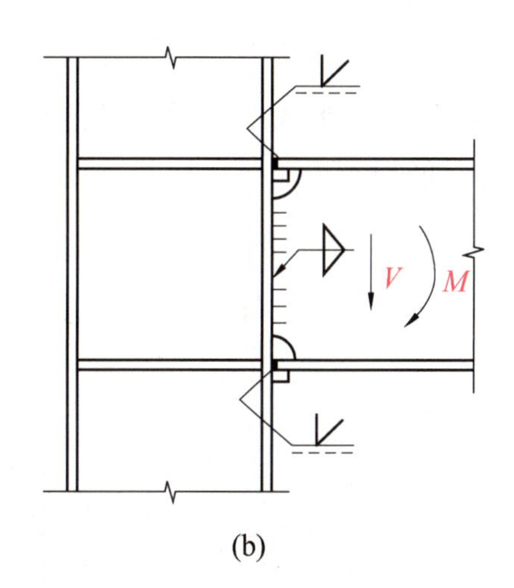

(b)

图 1-1-10　保证焊缝厚度

(a) 箱型柱棱角焊缝；(b) 柱节点板角焊缝

(4) 调整焊缝金属熔合比。所谓熔合比就是熔化的母材金属面积占焊缝金属面积的比例，焊缝熔合比示意图如图 1-1-11 所示，熔合比用以下公式表示：

$$\gamma=\frac{F_{\mathrm{m}}}{F_{\mathrm{m}}+F_{\mathrm{H}}}$$

式中：γ——熔合比；

F_{m}——熔化的母材金属面积；

F_{H}——填充金属的面积。

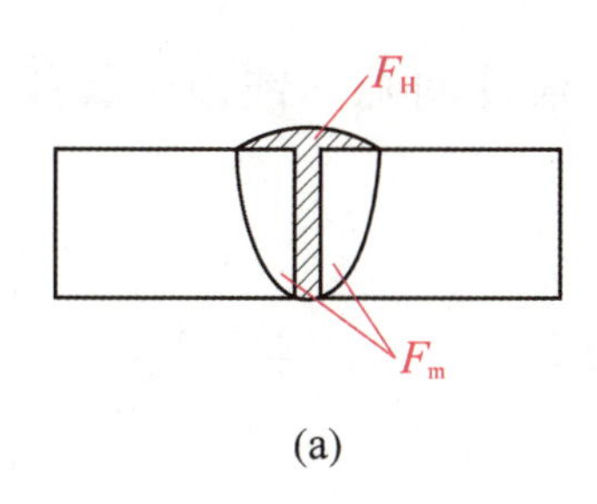

(a)

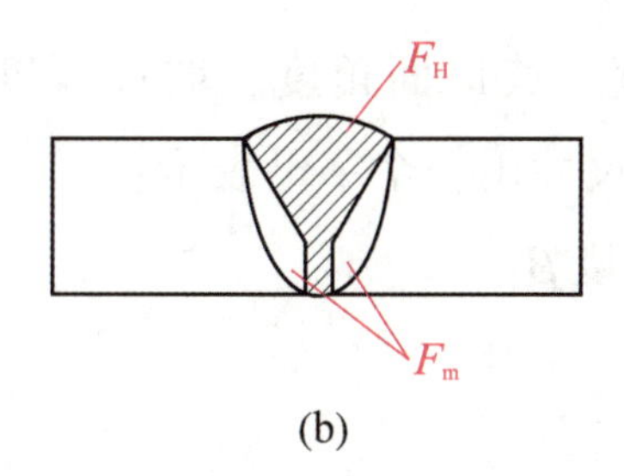

(b)

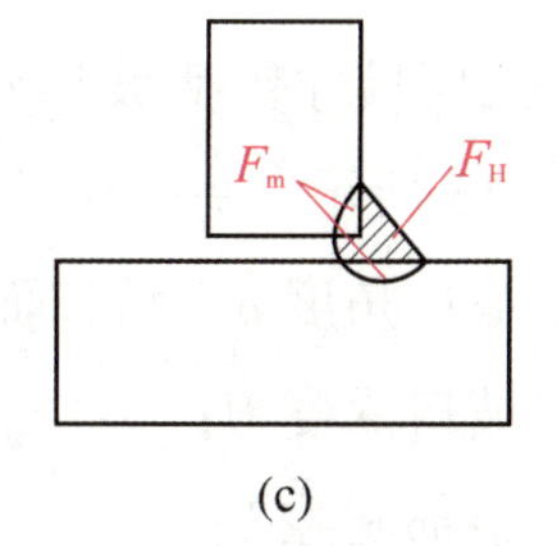

(c)

图 1-1-11　焊缝熔合比示意图

(a) 对接接头 I 形坡口；(b) 对接接头带钝边 V 形坡口；(c) T 形接头 I 形坡口

坡口的改变会使熔合比发生变化，在碳钢、合金钢的焊接中，可以通过加工适当的坡口，改变熔合比来调整焊缝金属的化学成分，从而降低裂缝的敏感性，提高接头的力学性能。

2) 焊接坡口设计原则

(1) 便于焊接操作。应根据焊缝所处的空间位置及焊工的操作位置来确定坡口方向，以便于施焊。例如，在容器内部不便施焊，应开单面坡口在容器外面焊接。又如，要求熔透的焊缝，在保证不漏焊的前提下，尽可能减少钝边尺寸，以减少清根量。再如，一条熔透角焊缝或对接焊缝，一侧为平焊，另一侧为仰焊，应在平焊侧开大坡口，在仰焊侧开小坡口，以减小焊工的操作难度。

（2）坡口形状易于加工。应根据加工坡口的设备情况来确定坡口形状，使其易于加工。

（3）尽可能减小坡口尺寸，节省焊接材料，提高生产效率。

（4）尽可能减小焊后焊件的变形。

3）坡口形状

根据几何形状的不同，焊缝的坡口形状有 I 形、V 形、U 形；根据加工面和加工边的不同，有单边 V 形、双边 V 形、双边 U 形等。常见焊缝坡口的基本形状如图 1-1-12 所示。

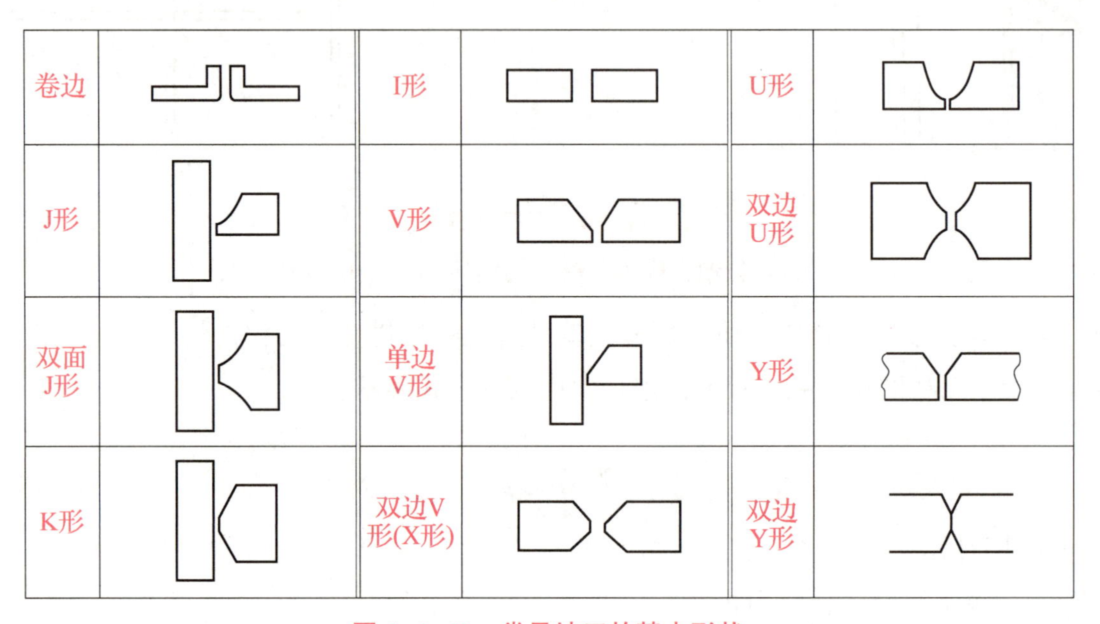

图 1-1-12　常见坡口的基本形状

2. 焊接坡口的尺寸

坡口几何尺寸包括坡口角度、坡口面角度、坡口深度、根部间隙、钝边、圆弧半径等，如图 1-1-13 所示，每一个几何尺寸用一个字母表示：

（1）坡口角度 α，坡口面角度 β；

（2）坡口深度 H；

（3）根部间隙 b；

（4）钝边 p；

（5）圆弧半径 R。

3. 焊接坡口的选择

对于不同的焊接位置，焊接坡口的形式和坡口角度也不同，选择时应便于焊接操作。例如，同样是板对接焊条电弧焊坡口，如果是平位焊接，则采用的坡口形式如图 1-1-14（a）所示；如果是横焊，则采用的坡口形式如图 1-1-14（b）所示。又如，同样是板角焊缝焊条电弧焊坡口，如果是开坡口板水平位置焊接，则采用的坡口形式如图 1-1-14（c）所示；如果是开坡口板竖直位置焊接，则采用的坡口形式如图 1-1-14（d）所示。

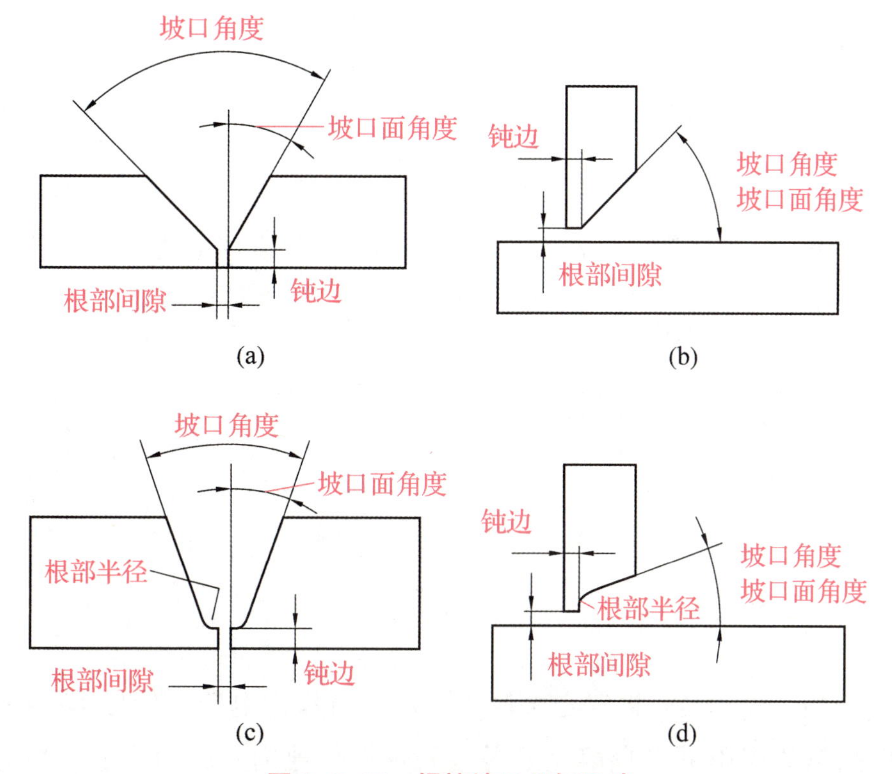

图 1-1-13　焊接坡口几何尺寸

（a）对接接头带钝边 V 形坡口；（b）T 形接头 V 形坡口；

（c）对接接头 U 形坡口；（d）T 形接头 J 形坡口

根据焊件的结构形式、板厚、焊接方法和材料的不同，焊接坡口的加工方法不同，常用的坡口加工方法有剪切、铣边、刨削、车削、热切割、气刨等。

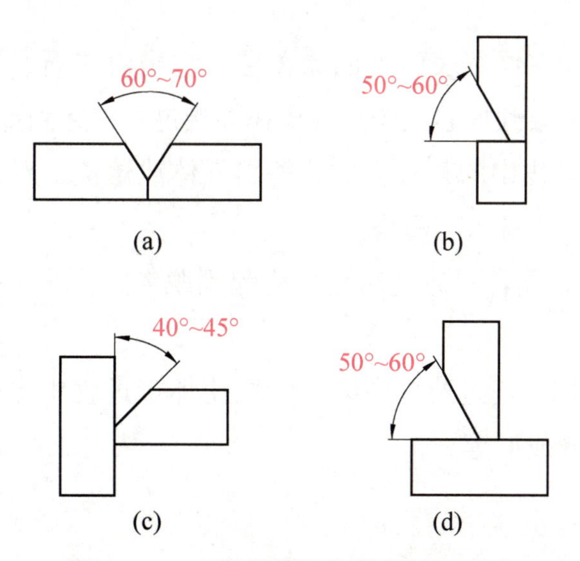

图 1-1-14　不同焊接位置的坡口形式

（a）平位焊接；（b）横焊；

（c）开坡口板水平；（d）开坡口板垂直

四、焊接材料

1. 焊条

焊条的组成如图 1-1-15 所示。焊条是涂有药皮的、供焊条电弧焊用的熔化电极，由焊芯和药皮组成，分工作部分和尾部。工作部分供焊接用，尾部供焊把钳夹持使用。

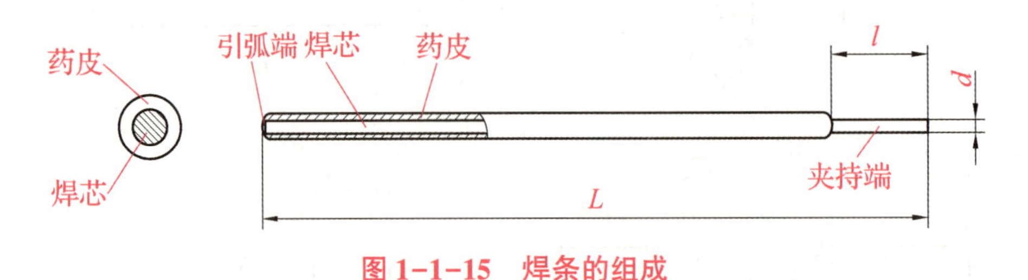

图 1-1-15 焊条的组成

L—焊条长度；*d*—焊条直径；*l*—焊条夹持端长度

1）焊芯

（1）焊芯的作用。焊芯是一根实心金属棒，焊接时作为电极，传导焊接电流，与焊件间产生电弧，在电弧热的作用下自身熔化后过渡到焊件熔池内，成为焊缝中填充的金属材料。焊芯作为电极，必须有良好的导电性能，否则电阻热会损害药皮的效果。作为焊缝的填充金属，焊芯的化学成分对焊缝金属的质量和性能有直接影响，必须严格控制。

（2）焊芯的规格。焊芯的规格用其长度和直径表示。焊芯一般是从热轧盘条拉拔成丝到所需直径后再截取成所需的长度，无法轧制或冷拔的金属用铸造方法制成。

2）药皮

药皮又称涂料，是压涂在焊芯表面上的涂覆层。它是由矿石、铁合金、纯金属、化工物料和有机物的粉末混合后黏结到焊芯上的。药皮在焊接过程中起到如下作用。

（1）保护：在高温下药皮中的某些物质分解出气体或熔渣，对熔池、熔滴周围和焊缝金属起机械保护作用，免受大气侵入与污染。

（2）冶金处理：与焊芯配合，通过冶金反应起到脱氧、去氢、排硫、除磷等除杂质和渗入合金元素的作用。

（3）改善焊接工艺性能：通过药皮中某些物质使焊接过程中电弧稳定、飞溅少，易于脱渣，提高熔敷率和改善焊缝成形等。

2. 焊条的分类

1）按焊条用途分类

通常，焊条按用途可分为十大类，如表 1-1-1 所示。

表 1-1-1　焊条按用途分类

序号	焊条大类	代号	
		字母	汉字
一	结构钢焊条	J	结
二	钼和铬钼耐热钢焊条	R	热
三	低温钢焊条	W	温
四	不锈钢焊条	G	铬
		A	奥
五	堆焊焊条	D	堆
六	铸铁焊条	Z	铸
七	镍及镍合金焊条	Ni	镍
八	铜及铜合金焊条	T	铜
九	铝及铝合金焊条	L	铝
十	特殊用途焊条	TS	特

2）按熔渣性质分类

按熔渣性质来分，焊条有酸性和碱性两大类。

酸性焊条的药皮呈酸性。它的主要特点是：焊接工艺性好、容易引弧、飞溅小，但抗裂性差，力学性能较低。因此，酸性焊条一般是用于不太重要的焊接结构。

与酸性焊条相反，碱性焊条的药皮呈碱性，它的主要特点是：由于含有的萤石具有去氢能力，因此焊缝中含氢较低，抗裂性能好，力学性能高；但是不易引弧，焊前要严格烘干。因此，碱性焊条适用于合金钢和重要的碳钢结构。

酸碱性焊条性能对比如表 1-1-2 所示。

表 1-1-2　酸碱性焊条性能对比

酸性焊条	碱性焊条
药皮组成氧化性强	药皮组成还原性强
对水、锈产生的气孔的敏感性不大，焊条使用前经 150 ℃～200 ℃烘焙 1 h，若不受潮，也可不烘	对水、锈产生的气孔的敏感性较大，要求焊条使用前经 300 ℃～400 ℃烘焙 1～2 h
电弧稳定，可用交流或直流施焊	需用直流施焊。只有当药皮中加入稳弧剂后才可以用交流电源焊接
焊接电流较大	焊接电流较小，较同规格的酸性焊条小 10%左右
可长弧操作	需短弧操作，否则易引起气孔

续表

酸性焊条	碱性焊条
合金元素过渡效果差	合金元素过渡效果好
焊缝成形较好，除氧化铁型外，熔深较浅	焊缝成形较好，容易堆高，熔深较深
熔渣结构呈玻璃状	熔渣结构呈结晶状
脱渣较容易	坡口内第一层脱渣较困难，以后各层脱渣较容易
焊缝常温、低温冲击性能一般	焊缝常温、低温冲击韧性较高
除氧化性外，抗裂性能较差	抗裂性能好
焊缝中氢的含量高，易产生白点，影响塑性	焊缝中氢的含量低
焊接时烟尘较少	焊接时烟尘较多

3. 焊条的型号和牌号

1）焊条型号

焊条型号是以国家标准为依据，反映焊条主要特性的一种表示方法，用来区别焊条熔敷金属的力学性能、化学成分、药皮类型、焊接位置和焊接电流种类。

焊条型号的主体结构是用字母 E 和 4 位阿拉伯数字表示的（如 E $X_1X_2X_3X_4$），最后有附加代号。主体结构应标全，附加代号只有需要时才在主体结构尾部标出。E 表示焊条。其中 X_1、X_2 表示熔敷金属抗拉强度最小值的 1/10，单位为 MPa。X_3 表示焊条的焊接位置。X_3、X_4 组合起来表示焊接电流种类及药皮类型。

以 E4303 为例，它表示熔敷金属抗拉强度最小值为 430 MPa，使用于全位置焊接，药皮为钛钙型，采用直流或交流反接焊条。

2）焊条牌号

焊条牌号是按焊条的主要用途及性能特点对焊条产品的具体命名。它通常是以一个汉语拼音字母（或汉字）与 3 位数字表示。拼音字母（或汉字）表示焊条各大类，后面的 3 位数字中，前面两位数字表示各大类中的若干小类，第 3 位数字表示各种焊条牌号的药皮类型及焊接电源。数字后面的字母符号表示焊条的特殊性能和用途。例如，J507 表示熔敷金属抗拉强度最小值为 500MPa，药皮为低氢钠型，采用直流电源结构钢焊条。焊条牌号中第三位数字的含义见表 1-1-3。

表 1-1-3 焊条牌号中第三位数字的含义

数字	药皮类型	焊接电源种类	数字	药皮类型	焊接电源种类
0	不属于已规定类型	不规定	5	纤维素型	直流或交流
1	氧化钛型	直流或交流	6	低氢钾性	直流或交流
2	氧化钛钙型	直流或交流	7	低氢钠性	直流
3	钛铁矿型	直流或交流	8	石墨型	直流或交流
4	氧化铁型	直流或交流	9	盐基型	直流

4. 焊条的选用

焊条的种类繁多，每种焊条都有一定的特性和用途。为了保证产品质量，提高生产效率和降低生产成本，必须正确选用焊条。在实际选择焊条时，除了要考虑经济性，施工条件，焊接效率和劳动条件之外，还需要考虑以下 3 个原则。

（1）等强度原则：焊缝与母材抗拉强度相等或相近。对于承载静载荷或一般载荷的工件或结构，通常按等强度的原则选用焊条。

（2）等化学成分原则：焊缝与母材化学成分相等或相近。在特殊环境下工作的焊接结构，为了保证使用性能，应根据等化学成分选择焊条。

（3）等条件原则：根据工件或焊接结构的工作条件和特点来选用焊条。例如，在焊接承受动载荷和冲击载荷的工件时，应选用熔敷金属冲击韧性较高的碱性焊条；在焊接一般结构件时，则选用酸性焊条。

焊丝、气体等其他焊接材料见 CO_2 焊和 TIG 焊等后续章节相关内容。

五、焊接电弧

1. 焊接电弧的物理性质

1）焊接电弧的本质

电弧是一种气体放电现象，它是带电粒子通过两电极之间气体空间的一种导电过程。焊接电弧导电示意图如图 1-1-16 所示。

气体放电分为暗放电、辉光放电和电弧放电 3 种，它们与电压、电流的关系如图 1-1-17 所示。其中，电弧放电的主要特点是：电流最大，电压最低，温度最高，发光最强。

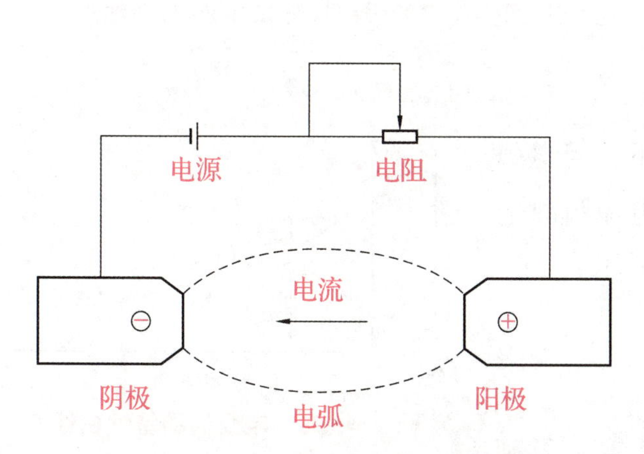

图 1-1-16　焊接电弧导电示意图

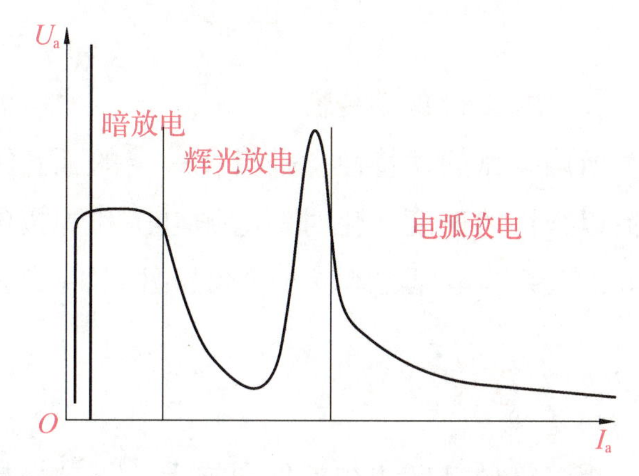

图 1-1-17　气体放电与电压、电流的关系

2）电弧产生的必要条件

（1）气体电离。气体电离的概念：在外加能量作用下，中性气体分子或原子分离成正离子和电子的现象。电离能：气体分子或原子分离出一个外层电子所需要的最小能量，单位是电子伏特（eV）。气体电离形式（根据电离的能量来源不同）：碰撞电离、热电离和光电离。

（2）阴极发射电子。阴极发射电子的概念：阴极表面在外加能量作用下连续向外发射电子的现象。

2. 焊接电弧的结构和静特性

焊接电弧的结构包括阴极区、阳极区和弧柱区 3 部分，如图 1-1-18 所示。

（1）阴极区：长度极短、电压较大、E（电场强度）极高。

（2）阳极区：长度极短、电压较大、E 极高。

（3）弧柱区：长度基本上等于电弧长度，E 较小。

焊接电弧的静特性近似呈 U 形曲线，由 3 个区段组成，如图 1-1-19 所示。

（1）Ⅰ区段：电弧电压随着电流的增加而下降，称为下降特性段。

（2）Ⅱ区段：电弧电压基本上不随电流的变化而变化，称为平特性段或恒压特性段。

（3）Ⅲ区段：电弧电压随电流的增加而上升，称为上升特性段。

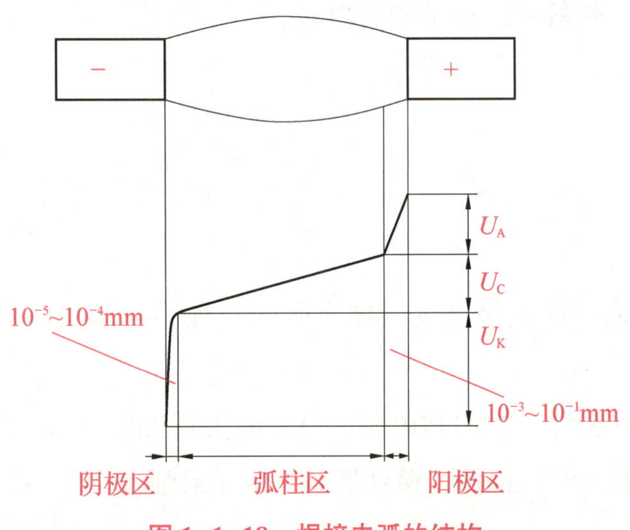

图 1-1-18 焊接电弧的结构

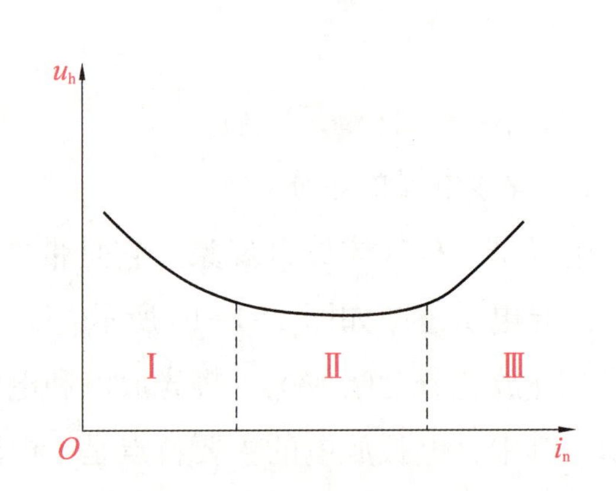

图 1-1-19 焊接电弧的静特性曲线形状

3. 焊接电弧的动特性

所谓电弧的动特性，是指在一定的弧长下，当电弧电流以很快的速度变化时，电弧电压和焊接电流瞬时值之间的关系。电弧的动特性曲线如图 1-1-20 所示。

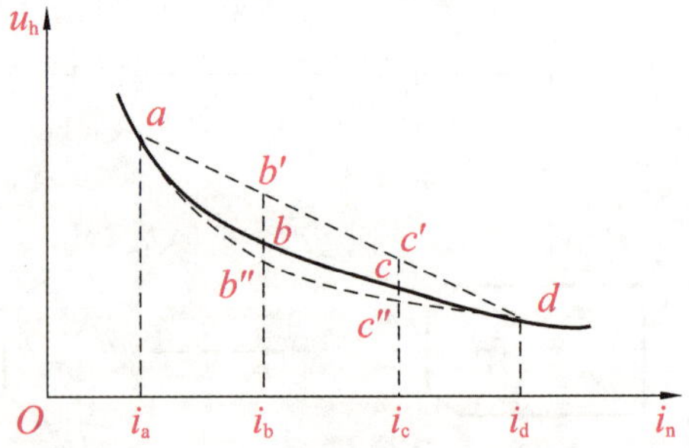

图 1-1-20 电弧的动特性曲线

六、焊缝符号

焊缝符号是标注在工件图样上，指导焊接操作者施焊的主要依据。焊缝符号一般由基本符号和指引线构成，有时还可以加上辅助符号、补充符号和尺寸符号。

1. 基本符号

基本符号表示焊缝横截面形状的基本形式或特征，如表 1-1-4 所示（引自 GB/T 5185—2005《焊接及相关工艺方法代号》）。

表 1-1-4　基本符号

代号	名称	示意图	符号
1	卷边焊缝（卷边完全熔化）[①]	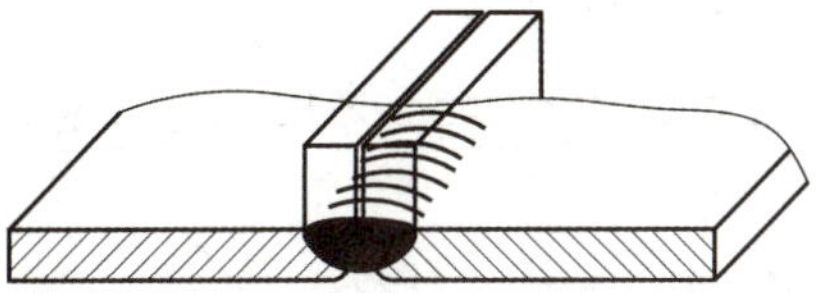	 八
2	I 形焊缝	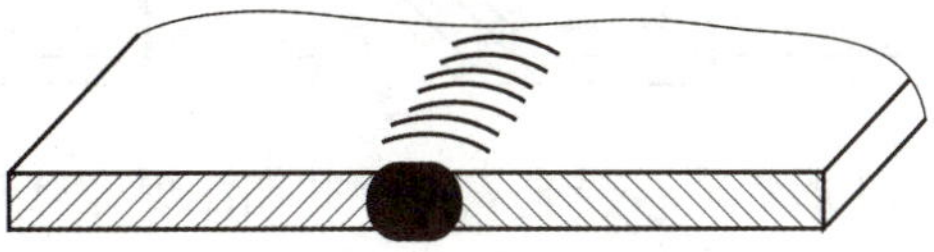	 ‖
3	V 形焊缝	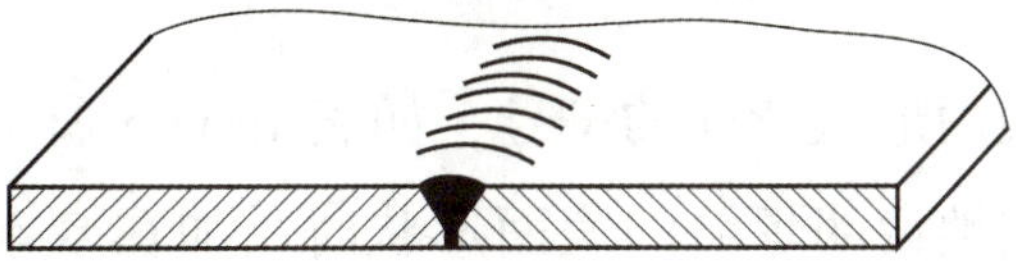	 V
4	单边 V 形焊缝	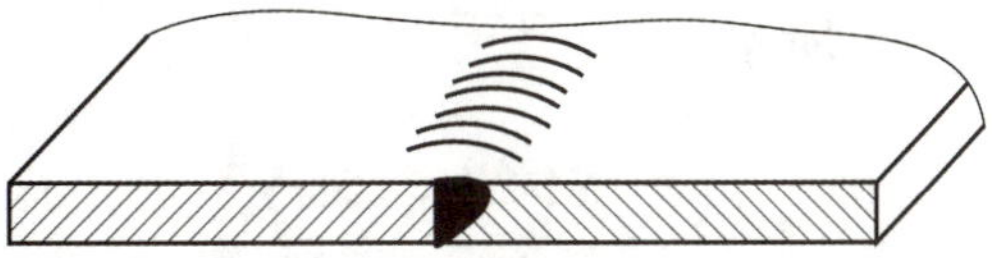	V
5	钝边 V 形焊缝	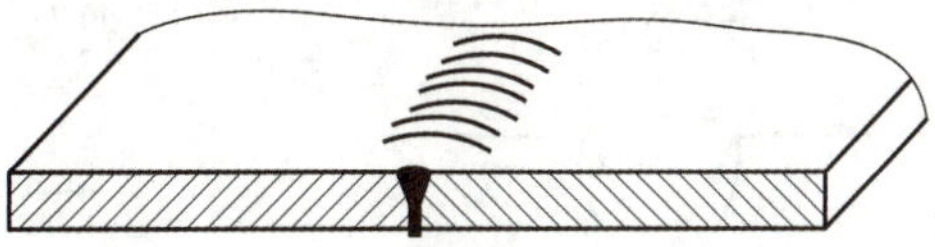	 Y
6	带钝边单边 V 形焊缝	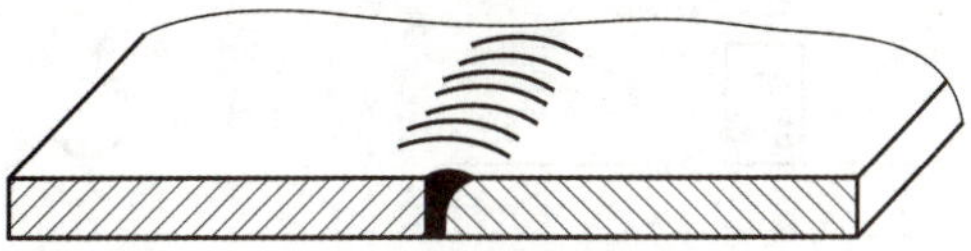	Y
7	带钝边 U 形焊缝	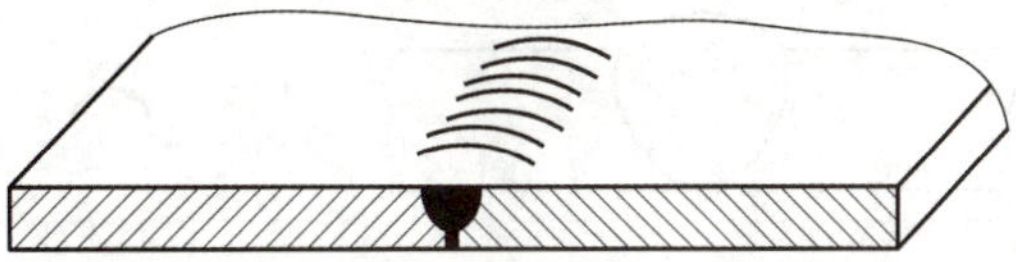	 Y
8	带钝边 J 形焊缝	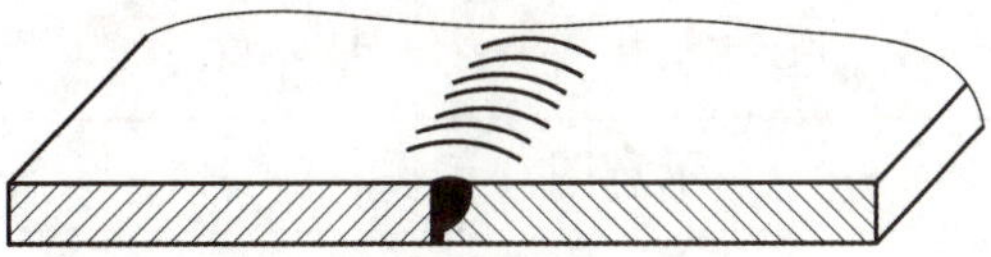	 Y
9	封底焊缝	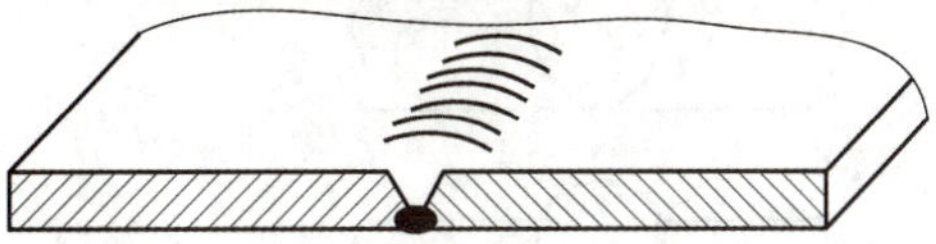	 D
10	角焊缝	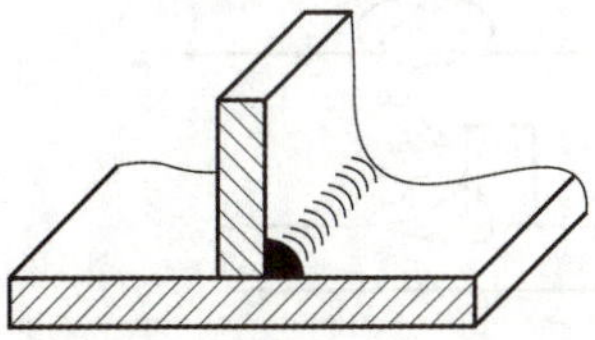	 ◺
11	槽焊缝或塞焊缝	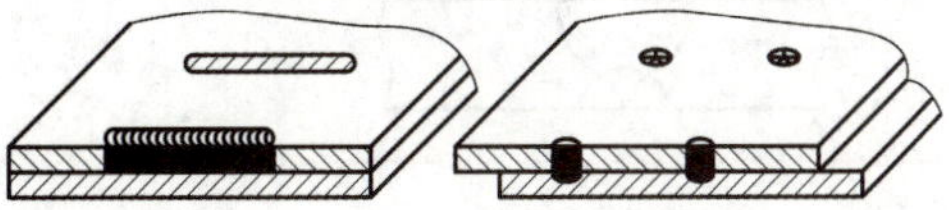	 ⊓

续表

代号	名称	示意图	符号
12	点焊缝	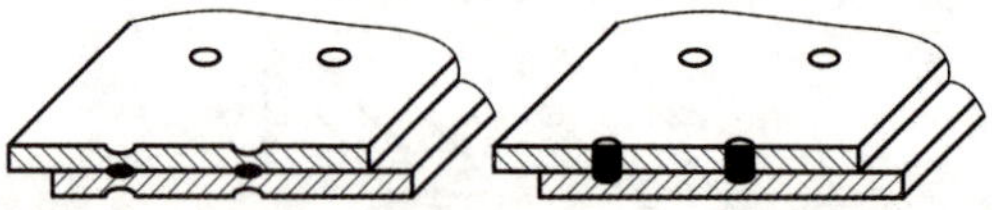	○
13	缝焊缝	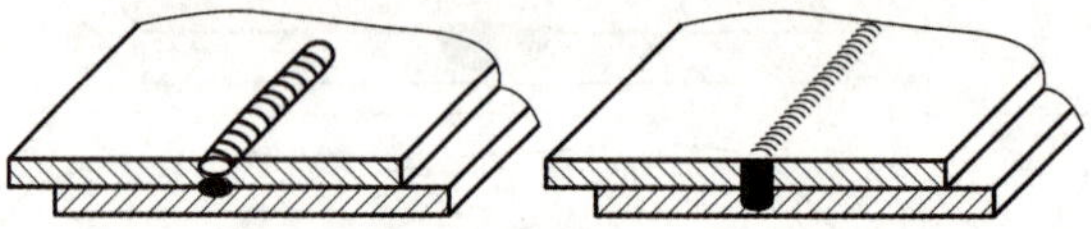	 ⊖

注：①不完全熔化的卷边焊缝用I形焊缝符号来表示，并加注焊缝有效厚度 S。

2. 辅助符号

辅助符号是表示焊缝表面形状特征的符号，如表1-1-5所示。

辅助符号是在需要确切地说明焊缝的表面形状时，加在基本符号的旁边，否则可以不用。辅助符号的应用示例如表1-1-6所示。

表1-1-5 辅助符号

代号	名称	示意图	符号	说明
1	平面符号	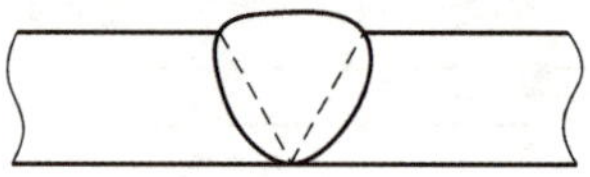	—	焊缝表面平齐（一般通过加工）
2	凹面符号	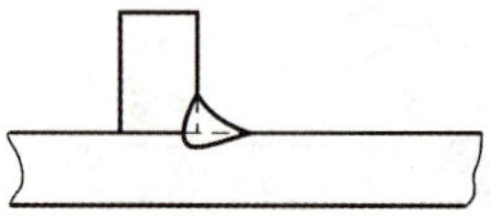	◡	焊缝表面凹陷
3	凸面符号	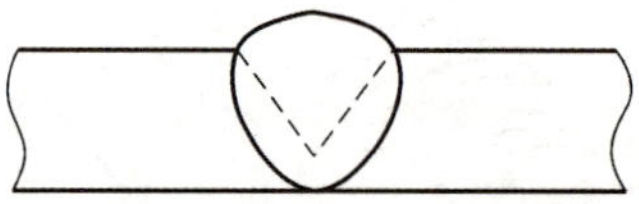	⌒	焊缝表面凸起

表1-1-6 辅助符号的应用示例

名称	示意图	符号
平面V形对接焊接	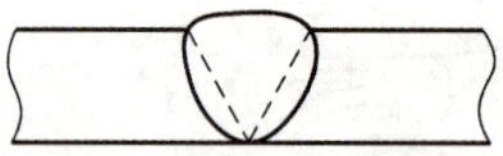	
凸面X形对接焊接	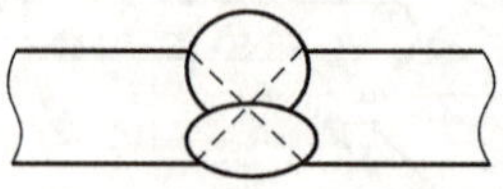	
凹面角焊接	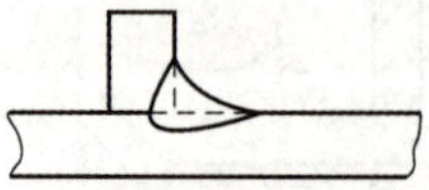	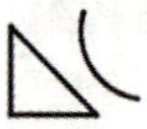
平面封底V形焊接		

3. 补充符号

补充符号是为了补充说明焊缝的某些特征而采用的符号，如表1-1-7所示。补充符号的应用示例如表 1-1-8 所示。

表 1-1-7　补充符号

代号	名称	示意图	符号	说明
1	带垫板符号		▭	表示焊缝底部有垫板
2	三面焊缝符号		⊏	表示三面带有焊缝
3	周围焊缝符号		○	表示焊缝环绕工件周围
4	现场符号	略	⚑	表示在现场或工地上进行焊接
5	尾部符号	略	<	可以参照 GB/T 5185—2005 标注焊接工艺方法等内容

表 1-1-8　补充符号的应用示例

示意图	标注示例	说明
		表示焊缝的背面底部有垫板
	111	工件三面带有焊缝，焊接方法为手工电弧焊的角焊缝
		表示在现场沿工件周围施焊的角焊缝

4. 尺寸符号

尺寸符号是表示坡口和焊缝特征尺寸的符号，如表 1-1-9 所示。

表 1-1-9　尺寸符号

符号	名称	示意图	符号	名称	示意图
δ	工件厚度	δ	c	焊缝宽度	c

续表

符号	名称	示意图	符号	名称	示意图
α	坡口角度		R	根部半径	
b	根部间隙		l	焊缝长度	
p	钝边高度		n	焊缝段数	n=2
e	焊缝间距		N	相同焊缝数量	N=3
k	焊角尺寸		H	坡口深度	
d	熔核直径		h	余高	
S	焊缝有效厚度		β	坡口面角度	

5. 指引线

指引线一般由箭头线和两条基准线（一条为实线，另一条为虚线）两部分组成，如图 1-1-21 所示，必要时可在基准线的实线末端加一尾部符号，进行其他说明用，如焊接方法用阿拉伯数字标注在指引线的尾部。表 1-1-10 为常见的焊接方法代号。

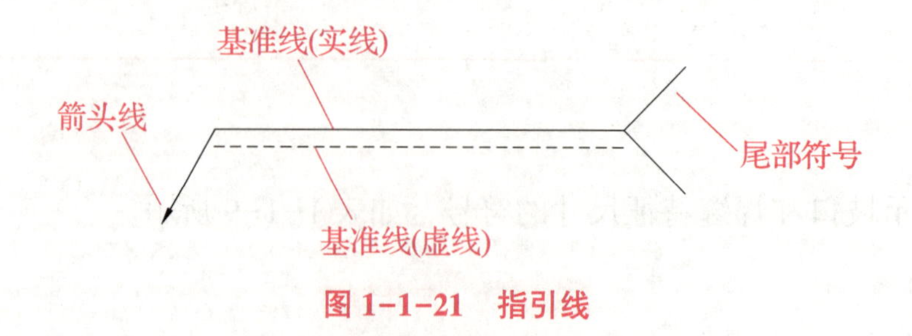

图 1-1-21 指引线

表 1-1-10 常见的焊接方法代号

焊接方法名称	代号	焊接方法名称	代号
电弧焊	1	等离子弧焊	15

续表

焊接方法名称	代号	焊接方法名称	代号
手工电弧焊	111	电阻焊	2
埋弧焊	12	气焊	3
熔化极惰性气体保护焊（MIG）	131	氧-乙炔焊	311
熔化极非惰性气体保护焊（MAG）	135	压焊	4
钎焊	9	电渣焊	72
钨极惰性气体保护焊（TIG）	141		

6. 焊缝标注

（1）焊缝符号和焊接方法代号必须通过指引线，按照国家标准规定进行标注。

（2）如果焊缝在接头的箭头侧，则将基本符号标注在基准线的实线上，如图 1-1-22（a）所示。

（3）如果焊缝在接头的非箭头侧，则将基本符号标注在基准线的虚线上，如图 1-1-22（b）所示。

（4）标注对称焊缝及双面焊缝时，可不加虚线，如图 1-1-22（c）、（d）所示。

（5）必要时基本符号可附带尺寸符号及数据。

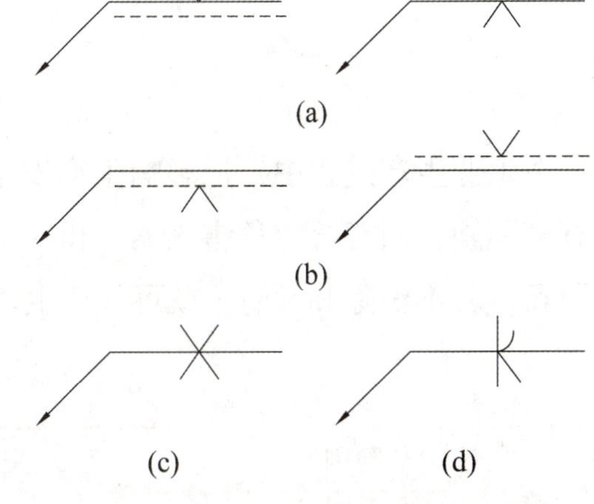

图 1-1-22　基本符号相对基准线的位置

（a）焊缝在接头的箭头侧；
（b）焊缝在接头的非箭头侧；
（c）对称焊缝；（d）双面焊缝

在进行标注时应该遵循的原则如图 1-1-23 所示，具体说明如下。

①焊缝横截面上的尺寸标注在基本符号的左侧。

②焊缝长度方向的尺寸标注在基本符号的右侧。

③坡口角度、坡口面角度、根部间隙等尺寸标注在基本符号的上侧或下侧。

④相同焊缝数量符号标注在尾部。

⑤当需要标注的尺寸数据较多，不易分辨时，可在数据前面增加相应的尺寸符号。

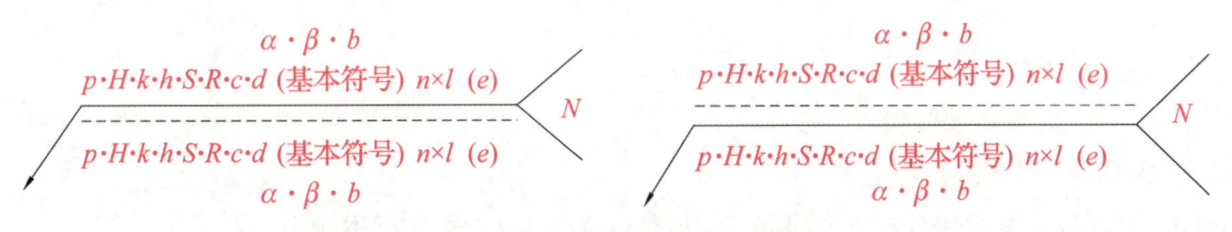

图 1-1-23　焊缝尺寸的标注原则

知识单元2 焊接安全与劳动保护

一、概述

焊接与切割属于特种作业，不仅对操作者本人，也对他人和周围设施的安全构成重大影响。国家有关标准明确规定，金属焊接（气割）作业是特种作业，焊工是特种作业人员。特种作业人员必须进行培训并经考试合格后，方可上岗作业。

焊接生产在安全与劳保工作中必须贯彻“安全第一，预防为主”的方针，以保障焊接作业人员的安全和健康，预防伤亡事故和职业病的发生。

二、焊接的危害

在工业生产过程中，把影响生产安全的因素称为危险因素，而把影响人体健康的因素称为有害因素，两者统称危害因素。由于焊接工艺和设备的特点，在焊接和切割过程中存在危害因素，若不消除和预防，就可能产生表1-2-1所示的工伤事故及职业危害。

表1-2-1 焊接生产中的危害因素与可能的工伤事故及职业危害

危险因素	主要工伤事故	有害因素	主要职业危害
（1）易燃易爆气体 （2）压力容器和燃料容器 （3）带电设备、电器 （4）明火 （5）高处金属容器内、水下或窄小空间里操作	（1）爆炸 （2）火灾 （3）触电 （4）灼烫 （5）急性中毒 （6）高空坠落 （7）物体打击	（1）电焊烟尘 （2）有害气体 （3）弧光辐射 （4）射线 （5）热辐射 （6）噪声	（1）电焊尘肺 （2）慢性中毒 （3）血液疾病 （4）焊工金属热 （5）皮肤疾病 （6）电光性眼病

三、焊接安全

1. 预防触电的安全技术

触电是大部分电焊操作时的主要危险因素，必须采取措施预防触电。

（1）焊工要熟悉和掌握有关电的基本知识，以及预防触电和触电后的急救方法，严格遵守有关部门规定的安全措施，防止触电事故发生。

（2）遇到触电时，切不可赤手去拉触电者，应先迅速将电源切断。如触电者呈昏迷状态，应立即对其进行人工呼吸，直至送到医院为止。

（3）高空作业或特别潮湿的场所，照明灯的电压不超过 12 V。

（4）焊工的工作服、手套、绝缘鞋应保持干燥。

（5）在潮湿的场地工作时，应用绝缘物作垫板。

（6）在拉、合电源刀开关或接触带电物体时，必须单手进行。

2. 预防火灾和爆炸的安全技术

焊接或切割时，由于电弧及气体火焰的温度很高并产生大量的金属火花飞溅物，在焊接过程中可能会与可燃及易爆的气体、易燃液体、可燃的粉尘或压力容器等接触，从而引起火灾甚至爆炸，因此焊接时必须防止火灾及爆炸事故的发生。

（1）焊前认真检查场地周围是否有易燃易爆物品，如有，应将其移至离焊接工作地 10 m 以外。

（2）在焊接作业时，应注意防止金属火花飞溅而引起火灾。

（3）严禁设备在带压时焊接或切割。

（4）凡被化学物质或油脂污染的设备都应清洗后再进行焊接或切割。如果是易燃、易爆或者有毒的污染物，更应彻底清洗，并经有关部门检查，填写动火证后，才能进行焊接作业。

（5）在进入容器内工作时，焊、割工具应随焊工同时进出。

（6）焊条头及焊后的焊件不能随便乱扔，以免发生火灾。

（7）离开施焊现场时，应关闭气源、电源，将火种熄灭。

3. 预防有害气体和烟尘中毒的安全技术

（1）焊接场地应通风良好。

（2）合理组织劳动布局，避免多名焊工拥挤在一起操作。

（3）尽量扩大埋弧自动焊的使用范围，以代替焊条电弧焊。

（4）做好个人防护工作，戴静电防尘口罩。

4. 预防弧光辐射的安全技术

（1）焊工必须使用有电焊防护玻璃的面罩。

（2）面罩应轻便、成形合适、耐热、不导电、不漏光。

（3）焊工应穿白色帆布工作服，以防止弧光灼伤皮肤。

（4）引弧操作时，应注意周围工人，以防弧光伤害他人。

（5）在厂房内和人多的区域进行焊接时，尽可能用防护屏。

（6）重力焊或装配定位时，装配工也应佩戴防光眼镜。

5. 特殊环境焊接的安全技术

特殊环境下的焊接是指在一般工业企业正规厂房以外的地方，如高空、野外、容器内部进行的焊接等。在这些地方焊接时，除遵守上面介绍的一般规则外，还要遵守一些特殊的规定。

四、焊接劳动保护

焊接劳动保护是指为保障焊工在焊接生产过程中的安全和健康所采取的措施。焊接劳动保护应贯穿于整个焊接过程中。加强焊接劳动保护的措施主要从两方面来控制：一是采取恰当的焊接工艺措施；二是焊工个人采取正确的防护措施。

1. 焊接工艺措施

（1）提高焊接机械化、自动化程度，减少焊接烟尘和有害气体对焊接操作者的危害。

（2）尽量采用单面焊双面成形工艺，特别是在压力容器、管道等狭窄空间内焊接时；尽量采用重力焊工艺。

（3）采用水槽式等离子弧切割或水射流切割，即以一定角度和流速的水均匀地向等离子弧喷射，可使部分烟尘及有害气体溶入水中，减少对操作者和作业场所的污染。

（4）选用低尘、低毒焊条，在保证焊条基本性能要求的条件下，通过调整焊条药皮成分，尽量降低能形成烟尘和有毒气体成分的加入量。

（5）在满足焊接质量要求的情况下，尽量采用低尘的药芯焊丝。

2. 个人防护措施

焊接过程中，焊接操作人员必须穿戴个人防护用品，主要有：工作服、工作帽、防护面罩（或送风头盔）、护目镜、防护手套、防尘口罩、防毒面具、绝缘鞋、鞋套、套袖及防噪声耳塞等。进行高空焊接作业时，还需佩戴安全帽、安全绳等。所有防护用品必须是符合国家标准的合格产品。

1）焊接工作服

焊接工作服的种类很多，最常见的是棉帆布工作服，如图 1-2-1 所示。焊接与切割作业的工作服不能用一般合成纤维织物制作。

2）焊工防护手套

焊工防护手套一般为牛（猪）革制手套或以棉帆布和皮革合成材料制成，长度不应小于 300 mm，并且要缝制结实，具有绝缘、耐辐射、抗热、耐磨、不易燃烧和防止高温金属飞溅物烫伤等作用，如图 1-2-2 所示。在可能导电的焊接场所工作时，所用手套应经耐压5 000 V 试验，合格后方能使用。

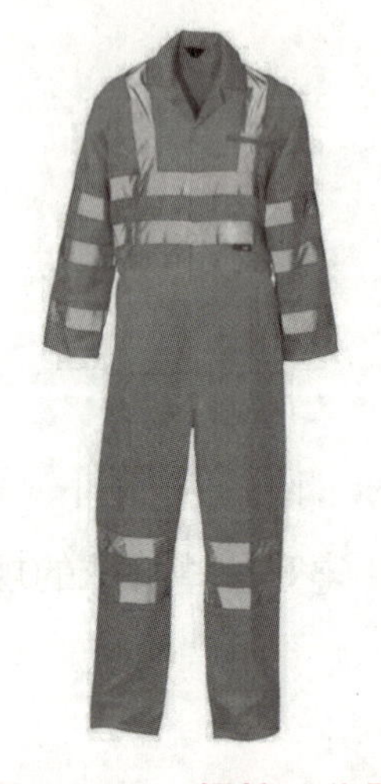

图 1-2-1 焊接工作服

图 1-2-2 焊工防护手套

3）焊工防护鞋

焊工防护鞋应具有绝缘、抗热、不易燃、耐磨损和防滑的性能，焊工防护鞋的橡胶鞋底经 5 000 V 耐压试验合格（不击穿）后方能使用。在易燃易爆场合焊接时，鞋底不应有鞋钉，以免产生摩擦火花。在有积水的地面焊接切割时，焊工应穿用经过 6 000 V 耐压试验合格的防水橡胶鞋。焊工防护鞋如图 1-2-3 所示。

4）焊接防护面罩

焊接防护面罩上有合乎作业条件的滤光镜片，起防止焊接弧光、保护眼睛的作用，如图 1-2-4 所示。镜片颜色以墨绿色和橙色为多。面罩壳体应选用阻燃或不燃的且无刺激皮肤的绝缘材料制成，应遮住脸面和耳部，结构牢靠，无漏光，起防止弧光辐射和熔融金属飞溅物烫伤面部和颈部的作用。在狭窄、密闭、通风不良的场合，还应采用输气式头盔或送风头盔。

图 1-2-3　焊工防护鞋

图 1-2-4　焊接防护面罩

5）焊接护目镜

焊接护目镜如图 1-2-5 所示，主要起滤光、防止金属飞溅物烫伤眼睛的作用。应根据气焊、气割工件板的厚度和火焰的性质选择，工件越厚、火焰的性质越接近氧化焰，镜片的颜色应越深。

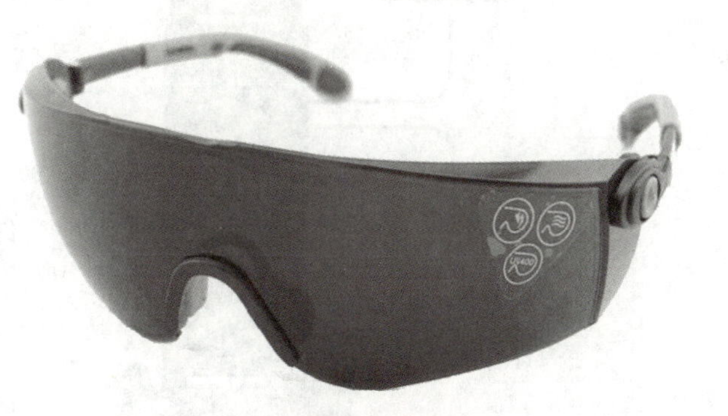
图 1-2-5　焊接护目镜

6）防尘口罩和防毒面具

在焊接、切割作业时，若采用整体或局部通风仍不能使烟尘浓度降低到允许浓度以下时，必须选用合适的防尘口罩和防毒面具，以过滤或隔离烟尘和有毒气体。

7）耳塞、耳罩和防噪声盔

国家标准规定工业噪声一般不应超过 85 dB，最高不能超过 90 dB。为消除和降低噪声，应采取隔声、消声、减振等一系列噪声控制技术。当仍不能将噪声降低到允许值以下时，则应采用耳塞、耳罩或防噪声盔等个人噪声防护用品。

知识单元3 焊接机器人

焊接工业机器人是从事焊接（包括切割与喷涂）的工业机器人，简称焊接机器人。根据国际标准化组织的定义，工业机器人是一种多用途的、可重复编程的自动控制操作机，具有3个或更多可编程的轴，用于工业自动化领域。为了适应不同的用途，机器人最后一个轴的机械接口通常是一个连接法兰，可接装不同工具（也称为末端执行器）。焊接机器人就是在工业机器人的末轴法兰装接焊钳或焊（割）枪，使之能进行焊接、切割或热喷涂等作业。

一、焊接机器人基本概念

1. 焊接机器人系统

焊接机器人主要包括机器人和焊接设备两部分。机器人由机器人主体和控制系统（硬件及软件）组成；而焊接装备，以弧焊为例，则由焊接电源（包括其控制系统）、送丝机（弧焊）、焊枪（钳）等部分组成，如图1-3-1所示。

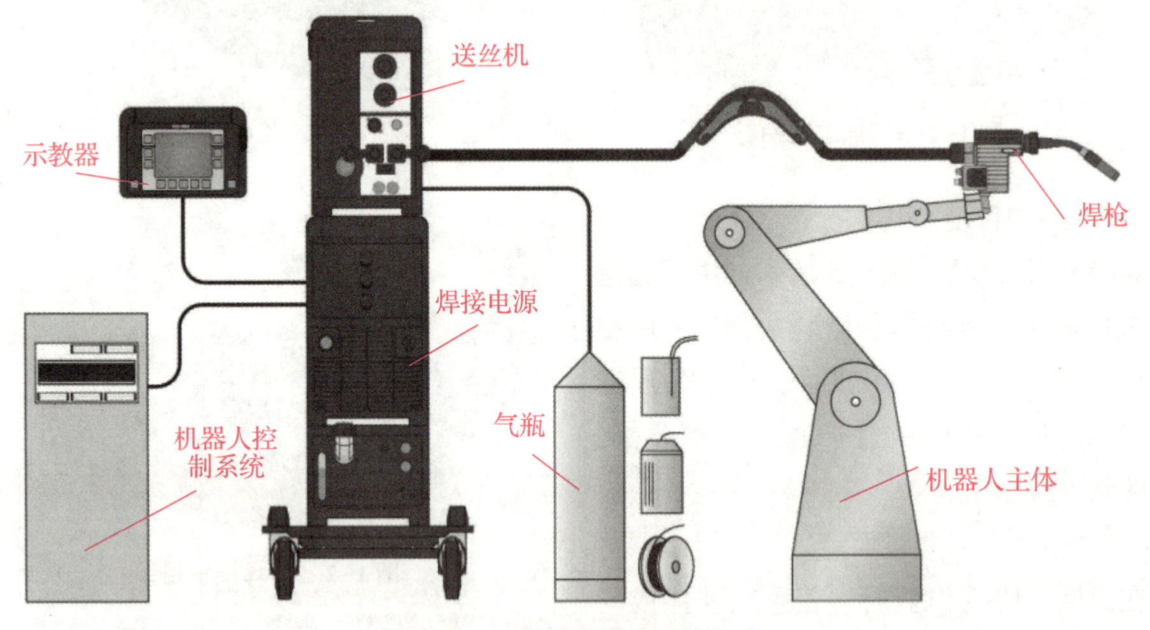

图1-3-1 焊接机器人系统组成

2. 焊接机器人优点

随着电子技术、计算机技术、数控及机器人技术的发展，自动焊接机器人从20世纪60年代开始用于生产以来，其技术已日益成熟。焊接机器人主要有以下优点。

（1）稳定和提高焊接质量，且保证其均一性。

（2）可24 h连续生产，提高劳动生产率。

（3）改善工人劳动强度，可在有害环境下工作。

（4）缩短产品改型换代的准备周期，减少相应的设备投资。

（5）降低对工人操作技术的要求。

（6）可实现小批量产品焊接自动化。

（7）为焊接柔性生产线提供技术支持。

由于这些优点，焊接机器人在各行各业已得到了广泛的应用。

二、焊接机器人工作站组成结构

1. 总体构成

焊接机器人工作站一般由焊接机器人、辅助变位机、工装夹具、电气控制设备、周边设备等5个主要部分组成，如图1-3-2所示。

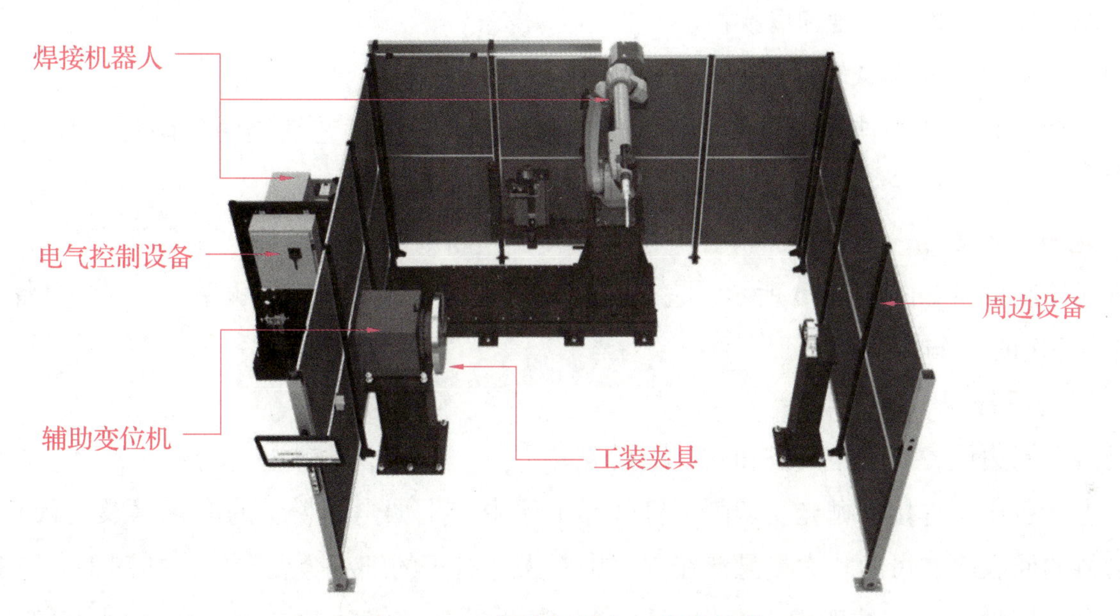

图1-3-2　焊接机器人工作站组成

2. 基本部件介绍

1）焊接机器人

焊接机器人主要包括机器人和焊接设备两部分，如图1-3-3所示。对于智能机器人还应有传感系统，如激光或摄像传感器及其控制装置等。

2）辅助变位机

辅助变位机如图1-3-4所示，它的作用如下。

（1）承载工件及焊接工装。

（2）焊接过程中对工件进行变位，获取最佳焊接位置。

（3）伺服电动机驱动变位机反转，可作为机器人外部轴，与机器人实现联动，达到同步运行目的。

图1-3-3　焊接机器人

3）工装夹具

工装夹具如图1-3-5所示，它的作用如下。

图 1-3-4　辅助变位机

图 1-3-5　工装夹具

（1）将工件准确、可靠地定位和夹紧，可以减轻甚至取消下料和划线工作。减小制品的尺寸偏差，提高工件的精度和可换性。

（2）有效地防止和减轻焊接变形。

（3）使工件处于最佳的施焊部位，焊缝的成形性良好，工艺缺陷明显降低，焊接速度得以提高。

3. 电气控制设备

电气控制设备如图 1-3-6 所示，它的主要作用是为机器人及其伺服系统、焊接设备、变位机等提供稳定的工作电源。

4. 周边设备

机器人周边设备有除尘设备和安全围栏等。

除尘设备用于焊接、抛光、切割、打磨等工序中产生烟尘和粉尘的净化以及对稀有金属、贵重物料的回收等，可净化大量悬浮在空气中对人体有害的细小金属颗粒，如图 1-3-7 所示。

安全围栏设于工作站四周，上件区域应有安全光栅及气动遮光帘。在一侧装有安全门，安全门上备有安全开关，给机器人工作站提供一个安全的隔离区域，如图 1-3-8 所示。

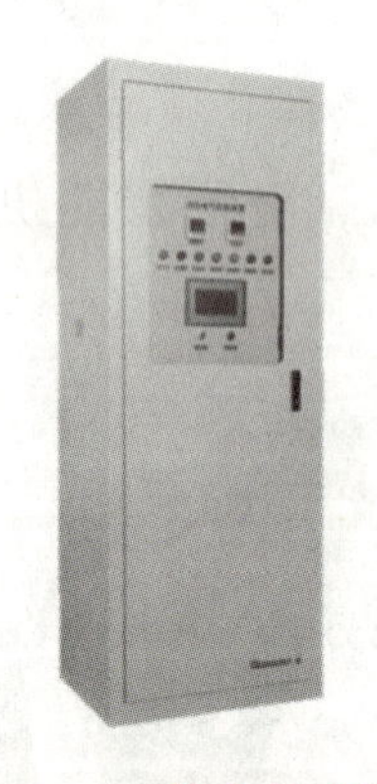

图 1-3-6　电气控制设备

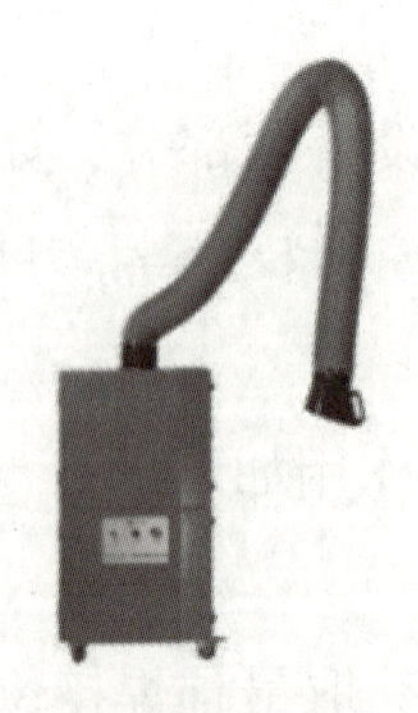

图 1-3-7　除尘设备

图 1-3-8　安全围栏

知识单元 4 焊接检验

一、焊接检验的作用与意义

焊接质量直接关系到焊接设备的安全运行和焊接产品的安全使用。如果焊接质量差，超出缺欠的允许范围，成为严重的焊接缺陷时，可能导致焊接零部件的破坏、焊接钢结构的断裂、锅炉压力容器或压力管道破裂甚至爆炸，造成严重的经济损失或伤亡事故。

焊接检验是发现焊接缺欠的手段或方法，根据检验标准和质量标准能够判断接头使用性能，对焊接质量作出综合评定，确定焊接产品是否符合所规定的技术要求，保证焊接产品使用的安全可靠。因此，焊接检验工作在焊接生产中占有很重要的地位，是必不可少的关键环节。

二、焊接检验方法的分类

焊接检验包括焊前检验、焊接过程中检验和焊后检验 3 个阶段，本节仅从焊后检验部分进行叙述。焊接检验的方法，归纳起来可分为两大类：一是非破坏性检验，二是破坏性检验。常用的焊接检验方法如表 1-4-1 所示。

表 1-4-1 常用的焊接检验方法

类别	特点	方法	内容
破坏性检验	检验过程中须破坏被检对象的结构	力学性能试验	拉伸、弯曲、冲击、硬度、疲劳、韧度等试验
		化学分析与试验	化学成分分析、晶间腐蚀试验、铁素体含量测定
		金相与断口的分析试验	宏观组织分析、微观组织分析、断口检验与分析
非破坏性检验	检验过程中不破坏被检对象的结构和材料	外观检验	母材、焊材、坡口、焊缝等表面质量检验，成品或半成品的外观几何形状和尺寸的检验
		强度试验	水压强度试验、气压强度试验
		致密性试验	气密性试验、吹气试验、载水试验、水冲试验、沉水试验、煤油试验、渗透试验、氦检漏试验
		无损检测试验	射线检测、超声波检测、磁粉检测、渗透检测、涡流检测

焊接接头的工况条件不同，可以根据产品要求和规定选择一种或数种方法进行检验。

三、焊接检验方法的选用

1. 无损检验要与破坏性检验相配合

无损检验的最大特点是能在不损伤材料、工件和结构的前提下进行检验，所以实施无损检验后，产品的检查率可以达到100%。但并不是所有的测试项目都能进行无损检验，无损检验技术具有局限性。某些试验只能采用破坏性检验方法，如液化石油气钢瓶除了无损检验外，还要进行爆破试验；锅炉管子的焊接接头有时要切取试样进行金相检验或断口检验。焊接工艺评定试验需要进行无损检验和力学、金相、断口、冲击等破坏性检验方法，来进行综合分析。

各种检验方法具有各自的优势和不足，对于一种工艺、一种材料或一件产品的评价，往往需要把无损检验结果和破坏性检验的结果互相对比和配合，才能作出准确的结论。

2. 无损检验方法的选用特点

无损检验是检测焊缝内部质量的常用方法，包括射线探伤、超声波探伤、磁粉探伤、渗透探伤、涡流探伤等。

（1）射线检验：对体积型缺欠（气孔、夹渣等）检出率很高；对面积型缺欠（裂纹、未熔合等），如果透照角度不合适，容易漏检；可以在底片上反映缺欠的性质、尺寸、数量，底片和检验记录便于长期保存。

（2）超声波检验：适宜检验厚度较大的工件，不适宜检验较薄的工件，对面积型缺欠检出率很高，对体积型缺欠检出率比较低。

（3）磁粉检验：适宜检验铁磁性材料，无法检验非铁磁性材料，适宜检验表面和近表面缺欠，检出灵敏度很高，不能检验内部缺欠。

（4）渗透检验：适宜检验除疏松多孔性材料以外的各种材料，如钢铁材料、有色金属、陶瓷材料、塑料等，适宜检验出表面缺欠，无法检出内部缺欠。

（5）涡流检验：适用于检验各种导电材料，不能检验非导电性材料，可以检验表面和近表面的缺欠，埋藏较深的缺欠无法检出。

四、焊接质量评定

1. 质量检验的一般规定

（1）各个系统、各类焊接工程及焊接产品对焊接质量检验的要求是不同的，要综合考虑适用性、经济性、安全性等，以确定检验方法和检验标准的合理选用。

（2）焊接质量检验的3个阶段，均应按检验项目和程序进行。对重要部件的焊接可安排焊接全过程监督。

（3）焊接前检验应该包括：焊缝表面的清理情况，坡口加工和对口尺寸是否符合图样要求，焊前预热是否符合工艺规定。

(4) 焊接过程中检验应该包括：层间温度是否符合工艺要求，焊接参数是否符合工艺要求，焊道的表面缺欠应该消除。

(5) 焊接结束后检验应该包括：焊接修复后的检验，外观检查不合格的焊缝，不允许进行其他项目的检验；对容易产生延迟裂纹和再热裂纹的钢材，焊接热处理后必须进行无损检测；对焊接接头的硬度检验应该在焊接热处理后进行。

2. X 射线评定标准

X 射线检测作为无损检测方法之一，在工业上有着非常广泛的应用，X 射线评定标准也已经成为各类焊接大赛的重要评分标准之一。

X 射线检测是利用 X 射线（具有较强的穿透能力，穿透被测物的射线带有反映被测物内部结构的信息）强度的变化来检测与评判材料或工件内部各种宏观或微观缺陷的性质、大小及其分布情况的。不同的射线检测标准，其质量等级的评定规定是不一致的，其中 JB/T 4730—2005《承压设备无损检测》中的“钢、镍、铜制承压设备熔化焊对接焊接接头射线检测质量分级”比较常用，也是本模块实操任务的依据。具体介绍如下。

1）适用范围

此标准适用于厚度为 2~400 mm 的碳素钢、低合金钢、奥氏体不锈钢、镍及镍基合金制承压设备，以及厚度为 2~80 mm 的铜及铜合金制承压设备的熔化焊对接焊接接头射线检测的质量分级。

2）缺陷类型

对接焊接接头中的缺陷，按性质可分为裂纹、未熔合、未焊透、条形缺陷和圆形缺陷等 5 类。

3）质量分级依据

根据对接接头中存在的缺陷性质、数量和密集程度，其质量等级可划分为Ⅰ、Ⅱ、Ⅲ、Ⅳ级。

Ⅰ级对接焊接接头内不允许存在裂纹、未熔合、未焊透和条形缺陷。

Ⅱ级和Ⅲ级对接焊接接头内不允许存在裂纹、未熔合和未焊透。

对接焊接接头中缺陷超过Ⅲ级者为Ⅳ级。

当各类缺陷评定的质量级别不同时，以质量最差的级别作为对接焊接接头的质量级别。

4）综合评级

在圆形缺陷评定区内同时存在圆形缺陷和条形缺陷时，应进行综合评级。

综合评级的级别按以下方法确定：对圆形缺陷和条形缺陷分别评定级别，将两者级别之和减一级作为综合评级的质量级别。

任务 钢板对接焊缝的 X 射线检测

一、任务目标

知识要求：

（1）了解 X 射线检测的原理及应用，熟悉 X 射线检测的流程；

（2）初步掌握 X 射线照相法检测中依据有关标准判定缺陷的方法。

技能要求：

（1）了解 X 射线机的使用方法和操作步骤；

（2）掌握利用 X 射线机对金属结构焊缝进行无损检测的方法。

二、任务导入

在 X 射线检测的方法中，目前应用的主要有射线照相法、透视法（荧光屏直接观察法）和工业 X 射线电视法。其中，灵敏度较高且应用最广泛的是射线照相法，也是本任务使用的方法。

为了得到合格的底片，进行射线透照前，需要确定射线源、工件和胶片之间的相对位置，这就是透照布置。钢板对接焊接接头射线基本透照布置如图 1-5-1 所示，其原则是使射线尽量垂直穿透工件，使射线穿透厚度最小。其透照布置设计的主要内容是：确定透照距离 L_1、一次透照长度 L_3 和有效评定长度 *Leff*。

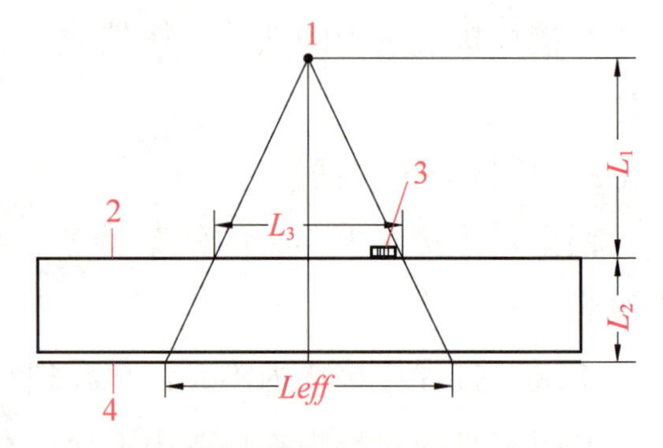

图 1-5-1 透照布置

1—射线源；2—钢板对接焊接接头；3—像质计；4—胶片

X 射线具有生物效应，超辐射剂量可能引起放射性损伤，破坏人体的正常组织，造成人体伤害。因此，在实训及工作中，应尽可能地减少操作人员和其他人员的吸收剂量。对没有 X 射线探伤实验条件的地方，可以使用虚拟 X 射线焊缝检测培训系统来进行训练，此系统利用 VR 技术，模拟了 X 射线焊缝检测的整个流程，安全且环保。

三、任务实施

1. 实验准备

（1）工业用 X 射线探伤机，按 X 射线机的操作规程训机。

（2）胶片恒温干燥箱。

（3）TD-210 型透射式黑度计（经校验合格，且在校验有效期内）。

（4）观片灯。

（5）其他用品：像质计、X 射线胶片、暗袋、增感屏、铅字标记、记号笔、胶带、中心指示器、显影液、停影液、定影液、温度计、计时器、洗片夹、评片尺、密度片、3~5 倍放大镜、遮光板、手套等。

2. 实验步骤

（1）配制显影液、停影液、定影液（一般应提前 24 h 配制），做好暗室准备。药液配方和配制药液的质量直接影响底片的质量。常用米吐尔显影液配方如表 1-5-1 所示，常用停影液配方如表 1-5-2 所示，常用定影液配方如表 1-5-3 所示。

表 1-5-1　常用米吐尔显影液配方

成分及条件	天津	柯达 D19b	阿克发	富士
温水（50 ℃）	750 mL	750 mL	750 mL	750 mL
米吐尔	4 g	2. 2 g	3. 5 g	4 g
无水亚硫酸钠	65 g	72 g	60 g	60 g
对苯二酚	10 g	8. 8 g	9 g	10 g
无水碳酸钠	48 g	45 g	40 g	53 g
溴化钾	5 g	4 g	3. 5 g	2. 5 g
加水至	1 000 mL	1 000 mL	1 000 mL	1 000 mL
显影温度	20 ℃	20 ℃	18 ℃	20 ℃
显影时间	4~8 min	5 min	5~7 min	5 min

表 1-5-2　常用停影液配方

成分及条件	停影液配方	坚膜停影液配方
水	750 mL	750 mL
冰醋酸	20 mL	20 mL
无水硫酸钠	—	45 g
加水至	1000 mL	1000 mL
停影时间	10~20 s	20 s

表 1-5-3 常用定影液配方

成分及条件	天津	柯达 F5	柯达 ATF-6 快速定影液配方
温水（65 ℃）	600 mL	600 mL	600 mL
硫代硫酸钠	240 g	240 g	—
硫代硫酸铵	—	—	200 g
无水亚硫酸钠	15 g	15 g	15 g
冰醋酸	15 mL	15 mL	15. 4 mL
硼酸	7. 5 g	7. 5 g	7. 5 g
硫酸铝钾	15 g	15 g	15 g
加水至	1000 mL	1000 mL	1000 mL

（2）将 X 射线胶片、增感屏按确定的增感方式在暗室中装入暗袋。装片时，打开所需规格的胶片包装，小心拿放胶片；拿放时，用手指夹住片缘，去掉夹片纸，放入前、后增感屏中间，轻轻理齐后装人暗袋中，（加盖）封闭袋口使其不漏光，如图 1-5-2 所示。

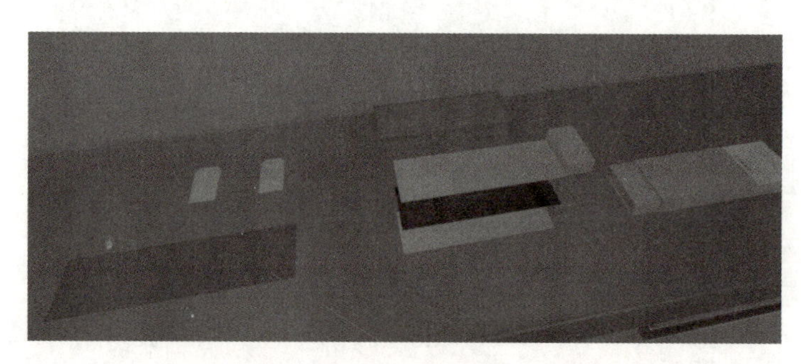

图 1-5-2 胶片装袋（截图来自虚拟 X 射线焊缝检测系统）

（3）选取一块对接平板焊缝试件，并按标准规定在试件指定地方，放置定位标记、识别标记、像质计。

进行射线照相检测时，为了使每张射线底片与某工件或工件的某部位相对应，同时也为了识别底片、缺陷定位、建立档案资料的需要，专门在底片上附加一些相关标记。射线照相底片上的标记包括透照工件或部位的识别标记、底片定位标记以及其他一些标记。典型标记带的示例如图 1-5-3 所示。

（4）将 X 射线机置于专用支架上，使用中心指示器确保 X 射线机主光束指向检测部位，调节支架并测量透照焦距。选取合适的焦距、照射方向，放置好被检工件、暗袋及屏蔽铅板。X 射线机如图 1-5-4 所示。

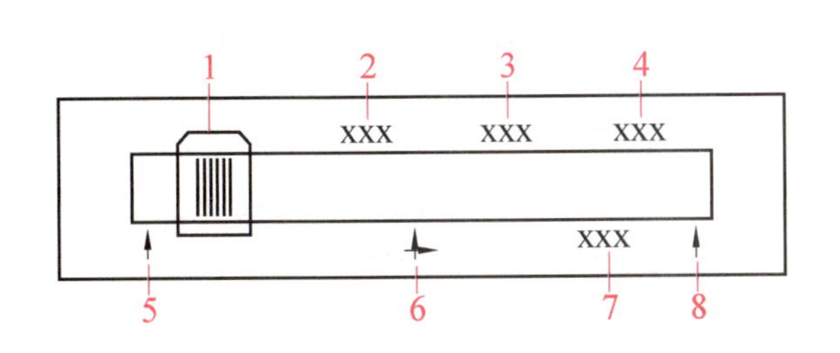

图 1-5-3　典型标记带的示例

1—像质计；2—工件编号；3—焊缝编号；
4—部位编号；5、8—搭接标记；
6—中心标记；7—检测日期

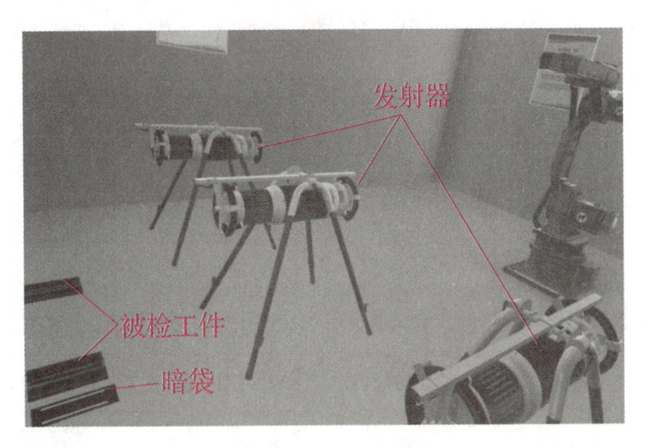

图 1-5-4　X 射线机

（截图来自虚拟 X 射线焊缝检测系统）

（5）检查安全防护状况及警示灯是否完好。按响警示电铃，提示所有人员离开放射室，进入安全地带，关闭放射室铅门。

（6）开机拍片。

需根据 X 射线机、选定的胶片、增感屏及暗室处理工艺确定的曝光曲线来选择相应的曝光参数：管电压 KV 值和曝光时间。根据拍片透照厚度（母材厚度+焊缝余高），调节 KV 值和时间旋钮至所需值。X 射线控制器操作界面如图 1-5-5 所示。

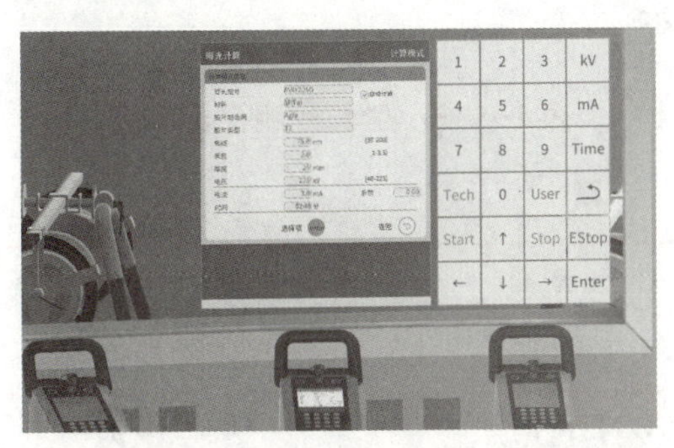

图 1-5-5　X 射线控制器操作界面（截图来自虚拟 X 射线焊缝检测系统）

X 射线发生器开始工作，拍片开始。计时器从“0.0”开始计时，直到设定时间为止，蜂鸣器发出声响，此次拍片结束，计时器进入倒计时。倒计时结束后，蜂鸣器再次发出声响，可进行下一次拍片。机器工作时间与休息时间按 1∶1 比例分配，以保证机器使用寿命。

（7）暗室处理。

在暗室中将暗袋里已拍照的胶片取出，进行暗室处理，其步骤是：显影→停影→定影→水冲→干燥。

在暗室处理的所有过程中应规范操作，以免在底片上的有效评定区内留下水迹、划伤、斑纹等伪缺陷。

胶片手工处理时各程序的操作条件和要求如表 1-5-4 所示。

表 1-5-4　胶片手工处理时各程序的操作条件和要求

处理程序	温度/℃	时间/min	操作要点
显影	20±2	4~6	预先水浸，水平、竖直方向移动胶片，显影过程中适当搅动
停影	16~24	约 0.5	胶片应完全浸入停影液中并充分搅动
定影	16~24	5~15	适当搅动
水洗	16~24	30~60	流动水漂洗
干燥	≤40	—	去除表面水滴后干燥，环境空气中应没有灰尘或其他漂浮杂物

（8）依据标准评片。

在 X 射线照相法检验中，根据底片上发现的缺陷性质、大小和数量对照验收标准来评定被检工件的质量及等级。一般对射线底片的评定包括照相质量和焊接质量两项评定。其中，照相质量是对射线检验操作技术本身的质量要求，焊接质量则是对焊缝质量高低的评价，前者是后者的保证。

可以根据相关标准，对所拍底片进行级别评定，按照相关要求填写射线检测报告。射线检测报告示例如表 1-5-5 所示。

表 1-5-5　射线检测报告示例

报告编号：XXX-RTJL-01

委托单位	X X X X	委托编号	XXX-WT-01
工件名称	氮气稳压罐	工件规格	ϕ2 000 mm×8 mm
工件材质	Q345R 钢	坡口形状	V 形
焊接方法	埋弧自动焊	检测时机	外观几何尺寸检查合格后
检测标准	JB/T 4730.2—2005（AB 级）	验收等级	Ⅲ
像质计型号	FeⅢ（10/16）	像质计灵敏度值	13
仪器型号	RF-200EG·S2	仪器编号	XXXX-XXXX
焦点尺寸	ϕ2.0 mm×2.0 mm	胶片型号	天津Ⅲ型
胶片规格	360 mm×80 mm	增感屏	Pb 0.03 mm（前/后）
管电压/γ 源种类	120 kV	透照方式	单壁外透法
透照焦距 F	800 mm	曝光量	6.5 mA·min
胶片处理方式	□自动冲洗　☑手工冲洗	底片黑度范围	2.0~4.0
显影液配方	天津Ⅲ型配方	显影温度	（20±2）℃
显影时间	5~8 min	工艺卡编号	XXX-RT-01

续表

<table>
<tr><td colspan="2">焊接接头长度</td><td colspan="2">6330 mm</td><td>一次透照长度</td><td>320 mm</td></tr>
<tr><td colspan="2">透照次数</td><td colspan="2">5</td><td>检测比例</td><td>25.3 %</td></tr>
<tr><td colspan="6">检测部位及布片示意图：

</td></tr>
<tr><td colspan="6">底片评定情况</td></tr>
<tr><td>序号</td><td>底片编号</td><td>像质指数</td><td>评定记录</td><td>缺陷位置</td><td>质量等级</td></tr>
<tr><td>1</td><td>B3-1</td><td>13</td><td>圆形缺陷 $\phi 2$ mm×1 mm，计 6 点</td><td>+70</td><td>Ⅲ</td></tr>
<tr><td>2</td><td>B3-2</td><td>13</td><td>条状缺陷，缺陷长度 $L=4$ mm</td><td>-23～-27</td><td>Ⅱ</td></tr>
<tr><td>3</td><td>B3-3</td><td>14</td><td>圆形缺陷 $\phi 4.5$ mm×1 mm（D缺陷$>T/2$）</td><td>-52</td><td>Ⅳ</td></tr>
<tr><td>4</td><td>B3-4</td><td>14</td><td>未焊透，缺陷长度 $L=6.5$ mm</td><td>+92～+98.5</td><td>Ⅳ</td></tr>
<tr><td>5</td><td>B3-5</td><td>13</td><td>未发现评级缺陷</td><td>—</td><td>Ⅰ</td></tr>
<tr><td colspan="2">检测／级别</td><td colspan="2">X X X／RT Ⅱ</td><td>审核／级别</td><td>X X X／RT Ⅱ</td></tr>
<tr><td colspan="2">日期</td><td colspan="2">XXXX 年 XX 月 XX 日</td><td>日期</td><td>XXXX 年 XX 月 XX 日</td></tr>
</table>

模块二

焊条电弧焊

前情提要

焊条电弧焊是通过手工操作焊条进行焊接的电弧焊方法，可以进行平焊、立焊、横焊和仰焊等多位置焊接。另外，由于焊条电弧焊设备轻便、搬运灵活，因此可以在任何有电源的地方进行焊接作业，适用于各种金属材料、各种厚度、各种结构形状的焊接。焊缝的质量取决于焊工的操作技术，这就需要焊工掌握较高的操作技能。

学习目标

（1）了解焊条电弧焊的基本概念及原理。

（2）了解焊条电弧焊的工艺特点及应用。

（3）掌握板对接焊件各焊接位置的焊接方法。

（4）掌握焊件预置反变形和单面焊双面成形的操作方法。

（5）掌握T形板焊件、管对接焊件的焊接操作。

知识单元1　焊条电弧焊基础知识

一、焊条电弧焊的概念和基本原理

焊条电弧焊是通过手工操作电焊条，利用焊条和焊件两极间电弧的热量来实现焊接的一种工艺方法。

焊条电弧焊利用焊条和焊件作为两个电极，焊接时，由电弧焊机提供焊接电源，利用电弧热使工件和焊条同时熔化，焊缝形成过程如图 2-1-1 所示。焊件上的熔化金属在电弧吹力下形成一凹坑，称为熔池。

焊条熔滴借助电弧吹力和自身重力作用，过渡到熔池中。焊条上的药皮熔化后，在电弧吹力的搅拌下，与液体金属发生快速强烈的冶金反应，反应后形成的熔渣和气体，不断地从熔化金属中排出。浮起的熔渣覆盖在焊缝表面，逐渐冷凝成渣壳。排出的气体减少了焊缝金属生成气孔的可能性。同时，围绕在电弧周围的气体与熔渣，共同防止了空气的侵入，使熔化金属缓慢冷却，熔渣对焊缝的成形起着重要的作用。随着电弧向前移动，焊件和焊条金属不断熔化形成新熔池，原先的熔池不断地冷却凝固，形成连续焊缝。焊条电弧焊基本原理如图 2-1-2 所示。

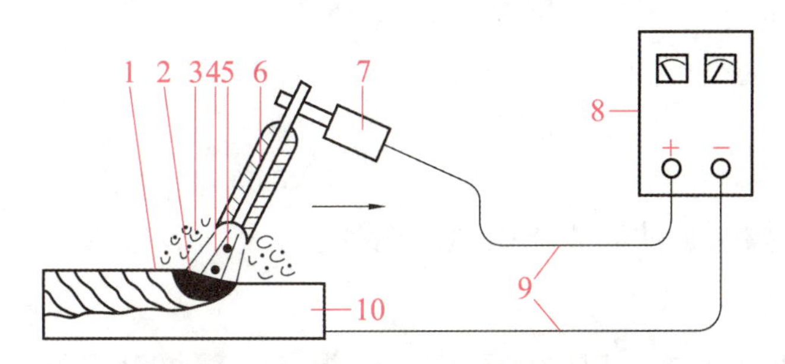

图 2-1-1　焊条电弧焊焊缝形成过程

1—焊缝；2—熔池；3—保护性气体；4—电弧；5—熔滴；6—焊条；7—焊钳；8—电焊机；9—焊接电缆；10—工件

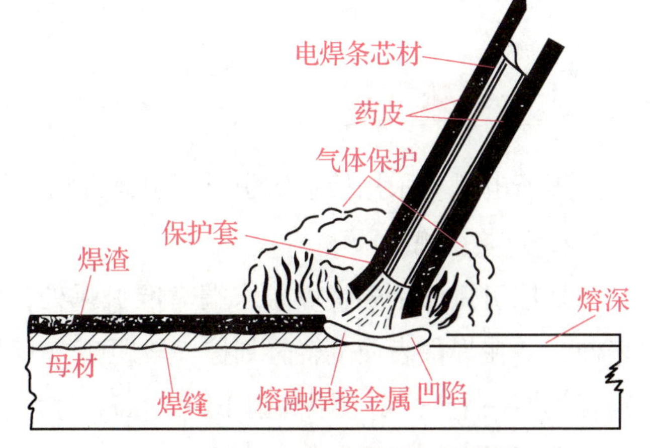

图 2-1-2　焊条电弧焊基本原理

二、焊条电弧焊的特点及应用

1. 焊条电弧焊的特点

1）焊条电弧焊的优点

（1）设备简单，维修方便。

（2）机动灵活，适应性强，如图 2-1-3 所示的便携式焊机。

图 2-1-3　便携式焊机

（3）应用范围广。

（4）工艺适应性强。

2）焊条电弧焊的缺点

（1）对焊工操作技术要求高。

（2）劳动条件差，如图 2-1-4 所示。

（3）生产效率较低。

在现代工业生产中，虽然自动化焊接技术应用越来越广泛，但是对于一些特殊的部件和场合，仍有相当一部分的焊接任务需要通过焊条电弧焊来实现。

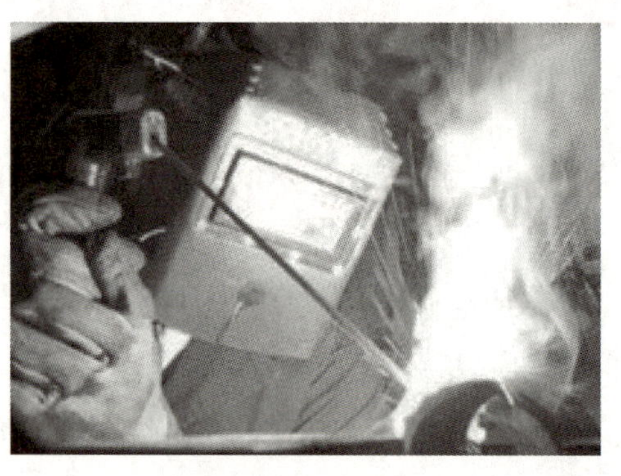

图 2-1-4　焊条电弧焊的实际工作场景

2. 焊条电弧焊的应用

（1）在建筑钢结构制造中的应用。

（2）在海洋船舶工程结构制造中的应用。

（3）在大型液气化储罐、锅炉、压力容器制造中的应用。

（4）在输油输气管线安装施工中的应用。

知识单元 2　焊条电弧焊基本操作

一、引弧方法

焊条电弧焊采用接触法引弧，引弧方法有划擦引弧法和直击引弧法两种。

1. 划擦引弧法

划擦引弧法是先将焊条末端对准引弧处，扭动手腕，以画弧线方式让焊条端部接触焊件表面，并在焊件表面上轻轻划擦一段距离（就像划火柴似的，利用腕力使焊条在焊件表面上轻轻划擦一下），划擦距离为 10~20 mm，然后迅速将焊条提起 2~3 mm，并保持着一定距离，电弧即可引燃，如图 2-2-1 所示。

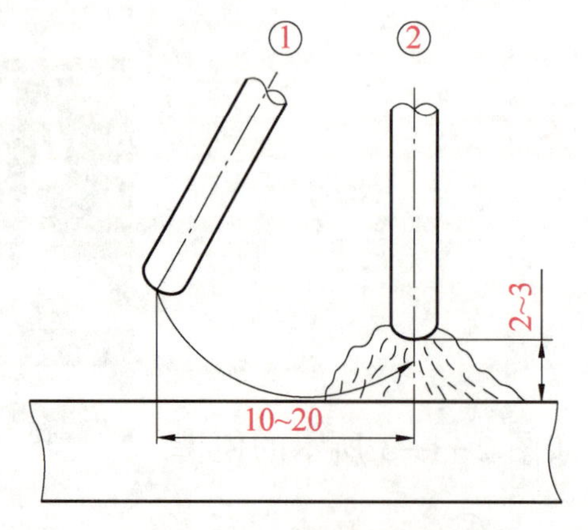

图 2-2-1　划擦引弧法

划擦引弧法

引燃电弧后，应保持电弧长度不超过所用焊条直径。划擦法引弧容易掌握，但也容易擦伤工件表面，留下电弧灼伤的痕迹。

2. 直击引弧法

直击引弧法是先将焊条垂直对准焊件待焊部位，轻轻地垂直碰击，然后迅速将焊条提起2~3 mm，即可引燃电弧，如图2-2-2所示。注意，要保持电弧长度不超过所用焊条直径。直击法引弧不能用力过大，否则容易将焊条引弧端药皮碰裂，甚至脱落，影响引弧和焊接。

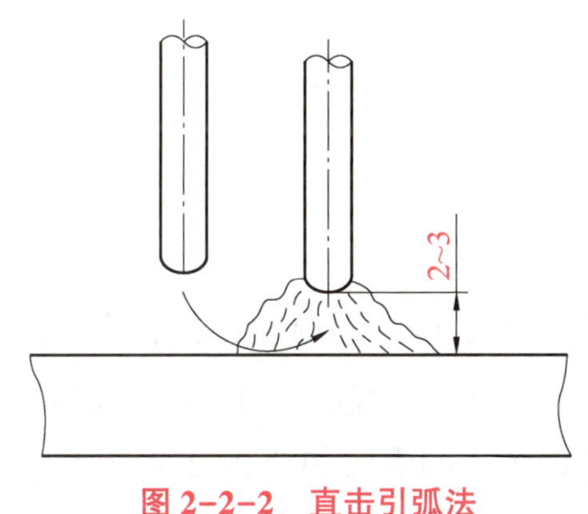

直击引弧法

图2-2-2　直击引弧法

二、引弧注意事项

（1）引弧时，不得随意在焊件表面上“打火”，尤其是高强度钢、低温钢、不锈钢等。这是因为电弧擦伤部位容易引起淬硬或微裂，对不锈钢则会降低耐蚀性，影响工件表面的质量和美观。所以，引弧应在待焊部位或坡口内。

（2）在引弧过程中，如果焊条与焊件黏在一起，一般晃动焊条移开就可以。通过晃动不能取下焊条时，应立即将焊钳与焊条脱离，待焊条冷却后，很容易就能取下来。

引弧注意事项

焊条黏连的处理

三、引弧堆焊

用直击引弧法在圆圈内直击引弧。引弧后，保持适当电弧长度，在圆圈内作画圆动作2~3次后灭弧。待熔化的金属冷却凝固，清除其上面的焊渣后，再在其上面引弧堆焊。这样反复操作，直到堆起高度为50 mm的焊柱为止，如图2-2-3所示。练习时要重复焊多个焊柱，直至掌握直击引弧法引弧。

划擦引弧堆焊

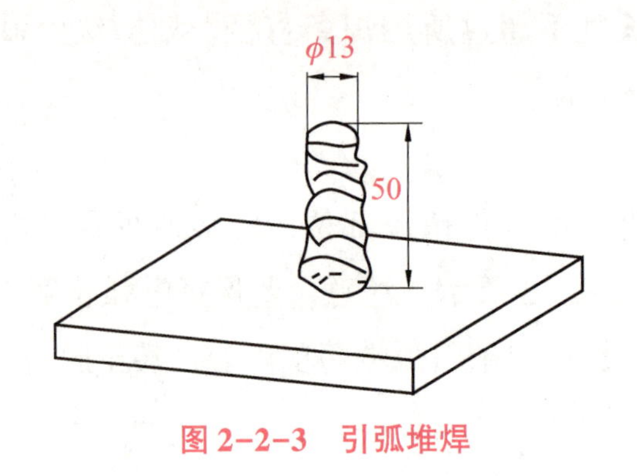

直击引弧堆焊

图 2-2-3　引弧堆焊

四、起头、收尾、接头

1. 起头

焊缝的起头是焊缝的开始部分，由于焊件的温度很低，引弧后又不能迅速地使焊件温度升高，因此这部分焊缝余高一般略高，熔深较浅，有时甚至会出现熔合不良和夹渣现象。焊缝的起头常用长弧预热法和回焊法两种。回焊法如图 2-2-4 所示。

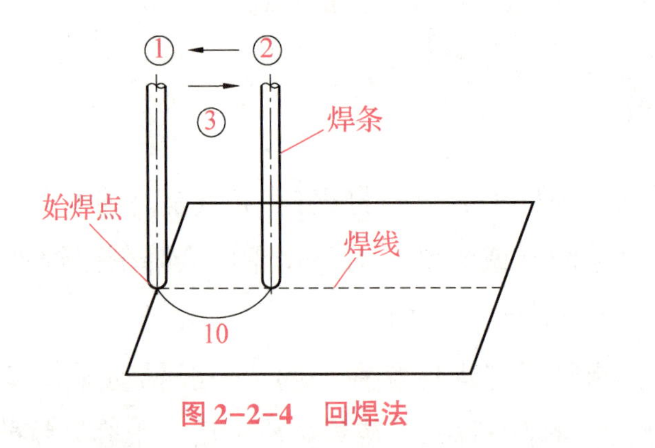

回焊法

图 2-2-4　回焊法

2. 收尾

焊缝结束时不能立即拉断电弧，否则会形成弧坑，如图 2-2-5 所示。弧坑不仅减少焊缝局部截面积而削弱强度，还会引起应力集中；弧坑处含氢量较高，易产生延迟裂纹，有些材料焊后在弧坑处还容易产生弧坑裂纹。所以，焊缝必须进行收尾处理，以保证连续的焊缝外形。

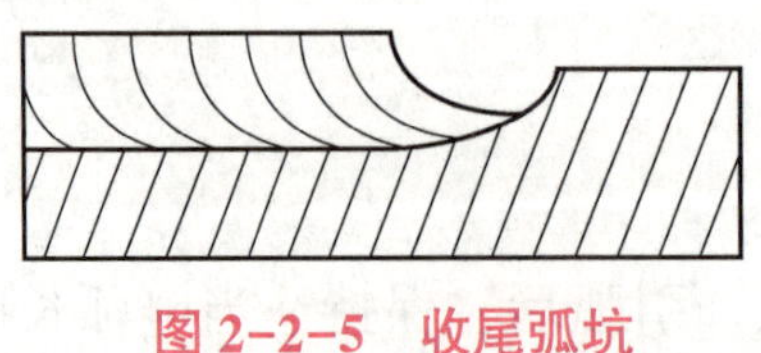

图 2-2-5　收尾弧坑

焊缝收尾处理

收尾方法有反复断弧收尾法、划圈收尾法、回焊收尾法 3 种，如图 2-2-6 所示。

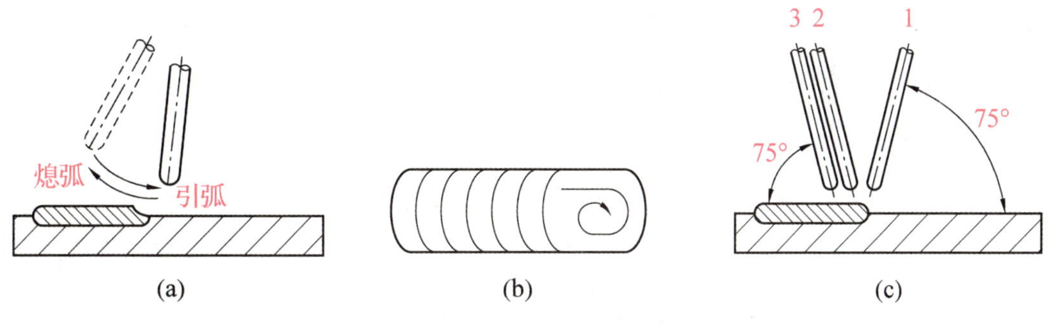

图 2-2-6 焊条电弧焊收尾方法

（a）反复断弧收尾法；（b）划圈收尾法；（c）回焊收尾法

反复断弧收尾法

划圈收尾法

回焊收尾法

3. 接头

由于焊条长度有限，不可能一次连续焊完长焊缝，因此会出现焊缝接头。接头不仅影响外观成形问题，还影响焊缝的内部质量，所以要重视、处理好焊缝的接头问题。焊缝的接头按形式分为图 2-2-7 所示的 4 种。

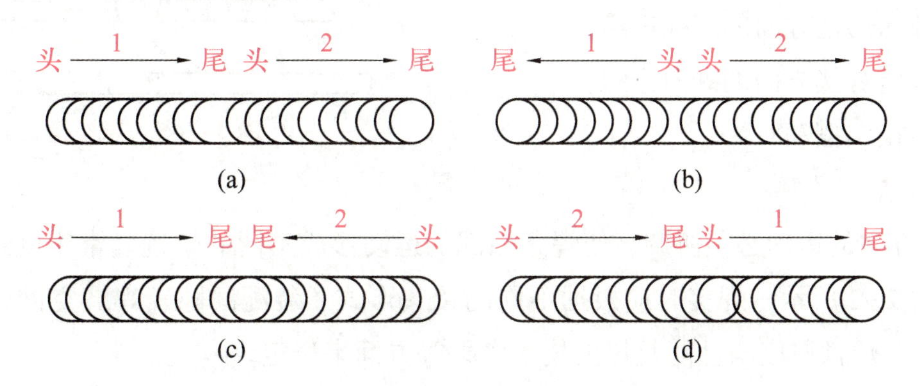

图 2-2-7 焊缝接头

（a）中间接头；（b）相背接头；（c）相向接头；（d）分段退焊接头

4. 练习

（1）起头、收尾练习。在平行线上取焊缝长 30 mm，间隔 50 mm，分别以长弧预热法、回焊法反复进行起头练习。焊缝结束时，再分别以断弧收尾法、划圈收尾法、回焊收尾法反复进行收尾练习。

（2）接头练习。在平行线上焊缝间隔的 50 mm 中，分别以中间接头、相背接头、相向接头、分段退焊接头的接头方式进行接头练习。

5. 评分标准

（1）焊缝的起头、收尾和接头连接处平滑过渡，无局部过高现象，收尾、接头处弧坑填满。

（2）焊件表面非焊道上不应有引弧痕迹。

（3）焊件表面上不应黏有飞溅物。

具体评分标准如表 2-2-1 所示。

表 2-2-1　焊缝的起头、收尾和接头评分标准

序号	考核项目	考核要求	配分	评分标准	检测结果	得分
1	操作的姿势	姿势正确	15	酌情扣分		
2	焊缝的起头、收尾和接头	起头无过高过低现象	25	酌情扣分		
3		收尾弧坑填满	25	酌情扣分		
4		接头平滑过渡	25	酌情扣分		
5	焊后清理安全生产	工具整理整齐，飞溅清理干净	10	不合格扣完		

五、运条

1. 运条方向

焊接过程中，焊条相对焊缝所做的各种动作的总称为运条。如图 2-2-8 所示，运条方向可以分解为 3 个方向的运动，分别是：

（1）焊条向熔池方向的直线进给；

（2）焊条沿焊接方向的纵向进给；

（3）焊条横向摆动。

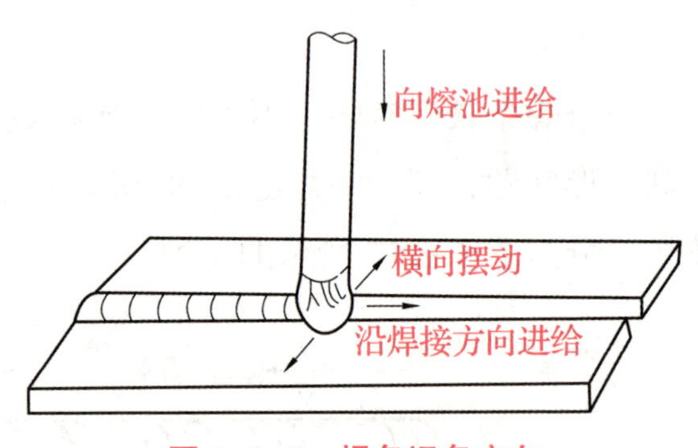

图 2-2-8　焊条运条方向

2. 运条方法

3 个运条方向的运动必须协调，使焊条端部的运动形成不同的轨迹。常用的运条方法及适用范围如表 2-2-2 所示，焊接时应根据不同的接头形式、装配间隙、焊缝空间位置、焊条直径、焊接电流、焊件厚度与性能及焊工技术水平等方面来选定。

表 2-2-2　常用运条方法及适用范围

运条方法	运条示意图	适用范围
直线型运条法		（1）3～5 mm 厚度 I 形坡口对接平焊 （2）多层焊的第一层焊道 （3）多层多焊道
直线往复运条法		（1）薄板焊 （2）对接平焊（间隙较大）

续表

运条方法		运条示意图	适用范围
锯齿形运条法			（1）对接接头（平焊、立焊、仰焊） （2）角接接头（立焊）
月牙形运条法			同锯齿形运条法
三角形运条法	斜三角		（1）角接接头（仰焊） （2）对接接头（开 V 形坡口横焊）
	正三角		（1）角接接头（立焊） （2）对接接头
圆圈形运条法	斜圆圈		（1）角接接头（平焊、仰焊） （2）对接接头（横焊）
	正圆圈		对接接头（厚焊件平焊）
八字形运条法			对接接头（厚焊件平焊）

3. 运条评分标准

运条操作的评分标准如表 2-2-3 所示。

表 2-2-3　运条操作的评分标准

序号	考核项目	考核要求	配分	评分标准	检测结果
1	运条的姿势	姿势正确	15	酌情扣分	
2	运条的方法	直线运条	15	酌情扣分	
3		锯齿运条	15	酌情扣分	
4		月牙运条	15	酌情扣分	
5		正圆运条	15	酌情扣分	
6		斜圆运条	15	酌情扣分	
7	安全生产场地清理	工具整理整齐，场地打扫干净	10	不合格扣完	

任务1 I形坡口板对接平焊

一、任务目标

知识要求：

(1) 掌握I形坡口板对接平焊双面焊的工艺特点及焊接工艺参数选用；

(2) 掌握I形坡口板对接平焊双面焊的操作方法及注意事项；

(3) 了解I形坡口板对接平焊工件的质量检测知识。

技能要求：

(1) 掌握I形坡口板对接平焊双面焊的焊接方法；

(2) 能正确选用I形坡口板对接平焊双面焊的工艺参数。

二、任务导入

对接平焊一般分为不开坡口和开坡口两种，当板厚小于6 mm时可不开坡口，当板厚度大于或等于6 mm时，为保证足够的焊缝熔深，应开坡口。本次任务我们所实施的焊接任务是I形坡口板对接平焊，工件图如图2-3-1所示。要求能准确识读图样任务要求，并按照图样的技术要求完成工件制作，掌握I形坡口板对接平焊双面焊的基本操作技能。

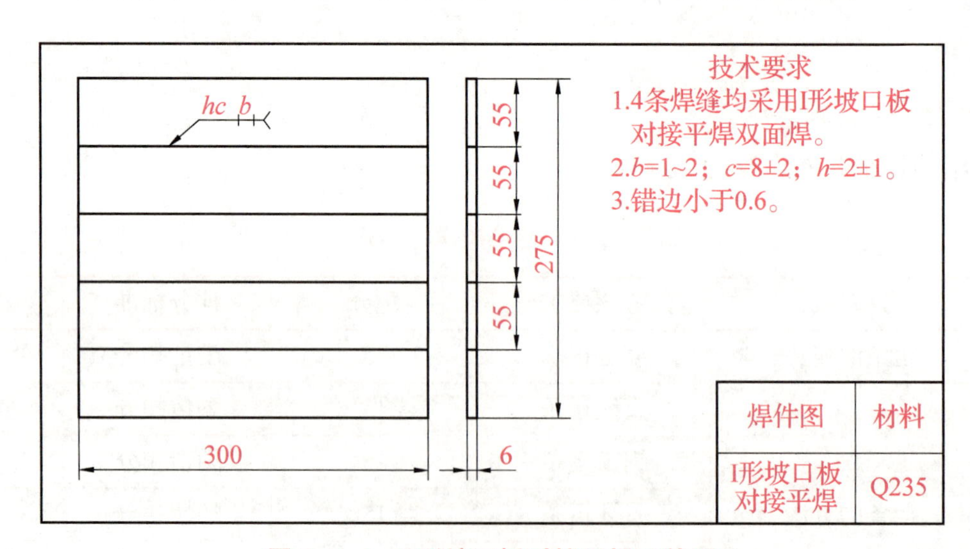

图2-3-1 I形坡口板对接平焊工件图

三、任务分析

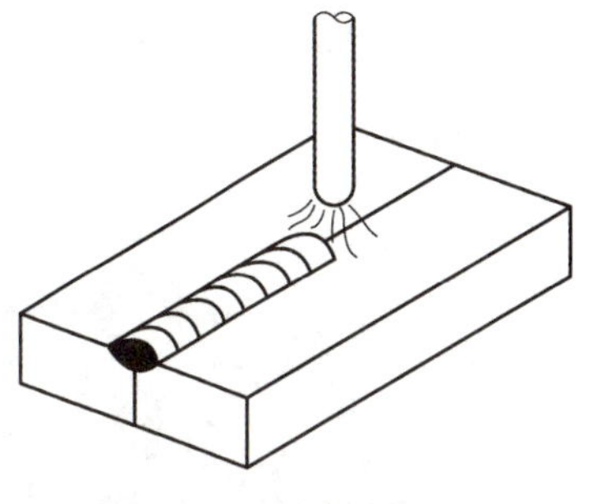

图 2-3-2　板对接平焊

（1）板对接平焊（简称平焊）是焊件和接头（焊缝）均处于水平位置的焊接，焊接时焊件在下，焊条在上，如图 2-3-2 所示。

（2）平焊时焊条熔滴受重力的作用过渡到熔池，其操作相对容易。但如果焊接参数不合适或操作不当，容易在焊缝及根部出现未熔合、夹渣、烧穿、焊瘤、气孔、咬边等缺陷。

（3）为了获得较大的熔深和熔宽，运条速度可以慢一些或者微微搅动焊条。焊条角度如图 2-3-3 所示。

（4）当运条方法和焊条角度使用不当时，熔渣和熔池金属不能良好分离，容易引起夹渣等缺陷。运条过程中，如发现熔渣与熔化金属混合时，可适度把电弧拉长，同时将焊条角度往焊接方向稍微倾斜，利用电弧的吹力吹动熔渣，使熔渣从熔池中浮起并向后方推送，如图 2-3-4 所示。动作要协调规范，以避免熔渣跑到熔池前面，而产生夹渣等缺陷。

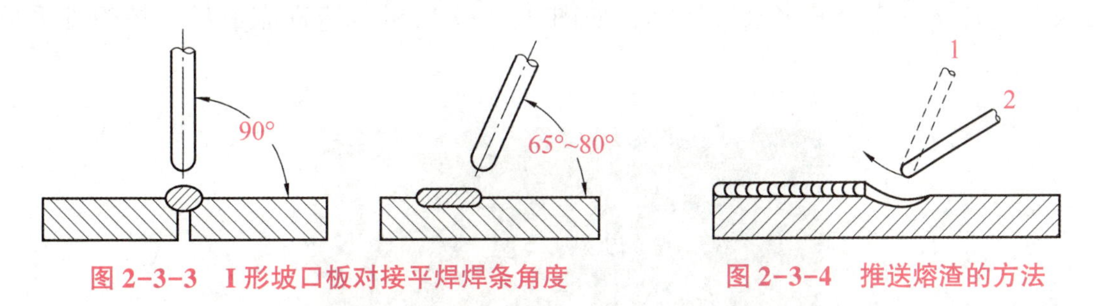

图 2-3-3　I 形坡口板对接平焊焊条角度　　图 2-3-4　推送熔渣的方法

（5）当坡口间隙过大，或者焊件烧穿时，可选用灭弧法（电弧断续焊接），完成焊接。

四、任务实施

1. 焊前准备

（1）焊件材料：Q235。

（2）焊件尺寸及数量：300 mm×55 mm×6 mm，5 块。

（3）焊接要求：I 形坡口板对接平焊双面焊，焊缝根部间隙为 1~2 mm，焊缝宽度为 6~10 mm，余高为 1~3 mm，错边小于 0. 6 mm。

（4）焊接材料：酸性焊条 E4303（J422），碱性焊条 E4315（J427）或 E5015（J507）。酸性焊条须经过 100 ℃~150 ℃烘焙 1~2 h，碱性焊条须经过 350 ℃~400 ℃烘焙 1~2 h，烘干好的焊条放在保温筒内，随用随取。

（5）弧焊电源（焊机）：可选用 BX1-315 型（交流焊机）、ZX7-315 型（直流焊机）或 WSM-400 型（氩弧焊、电焊两用焊机）。焊机如图 2-3-5 所示。

（6）按照安全操作要求，穿戴劳保用品，准备焊接辅助工具。辅助工具有：金属直尺、游标卡尺、焊接检测尺、钢丝刷、活扳手、手钳、螺钉旋具、手锯、焊条保温桶、风镜、敲渣锤、扁錾、角磨机、手电筒等。劳保用品和焊接辅助工具如图 2-3-6 所示。

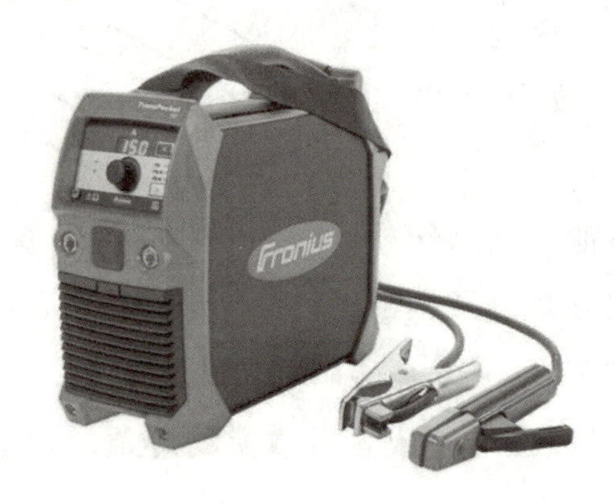

图 2-3-5 焊机

图 2-3-6 劳保用品和辅助工具

2. 试件装配

1）清理

用钢丝刷、磨光机、棉纱等清除焊件坡口面及坡口两侧表面各 20 mm 范围内的油污、锈蚀、水分及其他污物，直至露出金属光泽，如图 2-3-7 所示。清理完成后，把焊件平放在操作台上。

图 2-3-7 焊缝清理

2）装配

坡口钝边装配间隙 1~3 mm，必要时在焊缝下加垫板，两焊件错边量不大于 0.6 mm。

3）定位焊

为了固定两焊件的相对位置，以便施焊，在焊接装配时，每隔一定距离焊上 10~30 mm 的短焊缝，使焊件相互位置固定，称为定位焊。始端的定位焊缝可少焊些，终端的定位焊缝应多焊一些，以防止在焊接过程中终端收缩，造成未焊段坡口间隙变窄而影响焊接熔深。

3. 焊接工艺参数选择

此次任务选用的焊接工艺参数如表 2-3-1 所示，具体取值如下：

（1）打底焊焊接电流 100 A；

（2）反面焊焊接电流 120 A；

（3）盖面焊焊接电流 130~150 A。

表 2-3-1 I 形坡口板对接平焊焊接工艺参数

焊接层次	焊条直径/mm	焊接电流/A	焊接电压/V
打底焊（1）	3.2	100~130	22~24
反面焊（2）	3.2	100~130	22~24
盖面焊（3）	4.0	140~160	22~26

4. 操作要点

1）打底焊

焊接时，首先进行正面打底焊。选用直径为 3.2 mm 的焊条，采用直线形运条法或直线往返形运条法，应保证焊缝的熔深达到板厚的 2/3。当坡口间隙过大，或者焊件烧穿时，可选用灭弧法（电弧断续焊接）完成焊接。运条方法如表 2-3-2 所示。

表 2-3-2 I 形坡口板对接平焊运条方法

运条方法	运条示意图	适用范围
直线形运条		（1）3~5 mm 厚度 I 形坡口对接平焊 （2）多层焊的第一层焊 （3）多层多道焊
直线往返形运条		（1）薄板焊 （2）对接平焊（间隙较大）
灭弧法	略	间隙过大，或者焊件烧穿时

2）反面焊

选用直径为 3.2 mm 的焊条，采用直线形运条法或直线往返形运条法，保证整个焊缝熔透。

3）盖面焊

先将正面焊缝焊渣清理干净，再进行正面第二层焊的盖面焊。选择直径为 4.0 mm 的焊条，适当加大电流，采用直线往返形运条法，保证焊缝宽度尺大于 10 mm。

4）焊件清理

在焊接过程中，每条焊缝焊完后，用敲渣锤、扁錾、钢丝刷等清理焊缝上的熔渣，清理焊件表面黏附的熔池飞溅物。

5）现场 6S 管理

焊接结束后，焊接工具应摆放整齐、恢复原位，清洁现场，保证无安全隐患后方可离开。严格遵守现场 6S 管理要求，即整理、整顿、清扫、清洁、素养、安全，如图 2-3-8 所示。

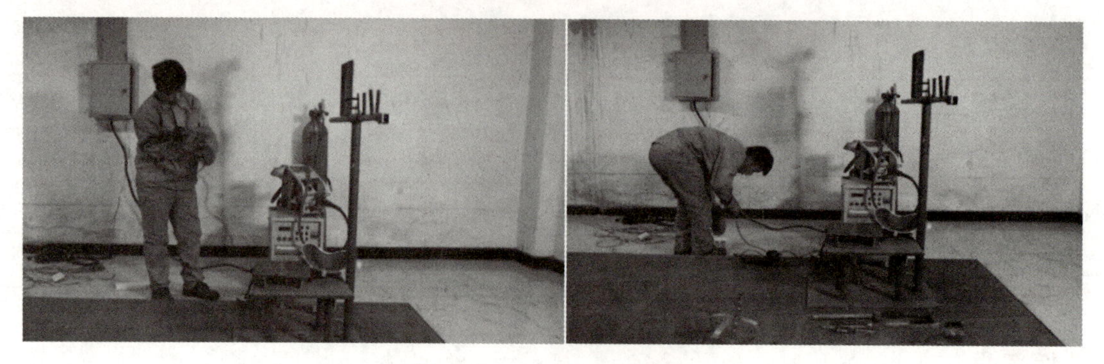

图 2-3-8 现场 6S 管理

五、任务评价

1. 焊接综合评价

（1）焊接工艺参数选用得当。

（2）操作姿势正确，引弧、灭弧顺利。

（3）灭弧焊手法熟练，无烧穿、未熔合等缺陷。

（4）焊道与焊缝层次之间熔合良好，成形美观。

（5）安全操作规范到位。

2. 焊接评分标准

I 形坡口板对接平焊双面焊评分标准如表 2-3-3 所示。

表 2-3-3 I 形坡口板对接平焊评分标准

序号	考核项目	考核要求	配分	评分标准	得分
1	焊缝外观质量	表面无裂纹	5	有裂纹不得分	
2		无烧穿	5	有烧穿不得分	
3		无焊瘤	8	每处焊瘤扣 0.5 分	
4		无气孔	5	每个气孔扣 0.5 分，直径大于 1.5 mm 不得分	
5		无咬边	7	深度大于 0.5 mm，累计长 15 mm，扣 1 分	
6		无夹渣	7	每处夹渣扣 0.5 分	
7		无未熔合	7	未熔合累计长 10 mm，扣 1 分	
8		焊缝起头、接头、收尾无缺陷	8	起头收尾过高，接头脱节每处扣 1 分	
9		焊缝宽度不均匀不大于 3 mm	7	焊缝宽度变化大于 3 mm，累计长 30 mm，不得分	
10		焊件上非焊道处不得有引弧痕迹	5	有引弧痕迹不得分	

续表

序号	考核项目	考核要求	配分	评分标准	得分
11	焊缝内部质量	焊缝内部无气孔、夹渣、未熔透、裂纹	10	Ⅰ级片不扣分，Ⅱ级片扣5分，Ⅲ级片扣8分，Ⅳ级片扣10分	
12	焊缝外形尺寸	焊缝宽度比坡口每侧增宽0~2.5 mm，宽度差不大于3 mm	8	每超差1 mm，累计长20 mm，扣1分	
13		焊缝余高差不大于2 mm	8	每超差1 mm，累计长20 mm，扣1分	
14	焊后变形错位	角度变形不大于2°	5	超差不得分	
15		错位量不大于1/10板厚	5	超差不得分	
16	安全生产	违章从得分中扣分			
17	总分		100	总得分	
考试计时：自　　时　　分至　　时　　分止					

六、任务拓展

问题1：I形坡口板对接平焊对应的板材厚度是多少？

问题2：I形坡口板对接平焊可采用哪些运条方法？

任务2 V形坡口板对接平焊

一、任务目标

知识要求：

(1) 掌握V形坡口板对接平焊焊前准备工作；

(2) 掌握V形坡口板对接平焊的焊接工艺参数选用；

(3) 掌握V形坡口板对接平焊单面焊双面成形的定义及注意事项；

(4) 了解V形坡口板对接平焊工件的质量检测知识。

技能要求：

(1) 掌握V形坡口板对接平焊预置反变形方法；

(2) 掌握V形坡口板对接平焊单面焊双面成形打底焊的焊接操作方法；

(3) 掌握V形坡口板对接平焊多层焊。

二、任务导入

单面焊双面成形是指采用普通焊条，在坡口背面没有任何辅助措施的条件下，在坡口正面进行焊接，焊后坡口的正、反面都能得到均匀、成形良好、符合质量要求的焊缝的操作方法。

在生产实践中，单面焊双面成形多用于人无法进入施工的小型容器或小直径管道的平位纵环焊缝的焊接生产。

本次任务我们所实施的焊接任务工件图如图 2-4-1 所示，要求能准确识读图样，并按照图样的技术要求完成工件制作，掌握 V 形坡口板对接平焊单面焊双面成形的基本操作技能。

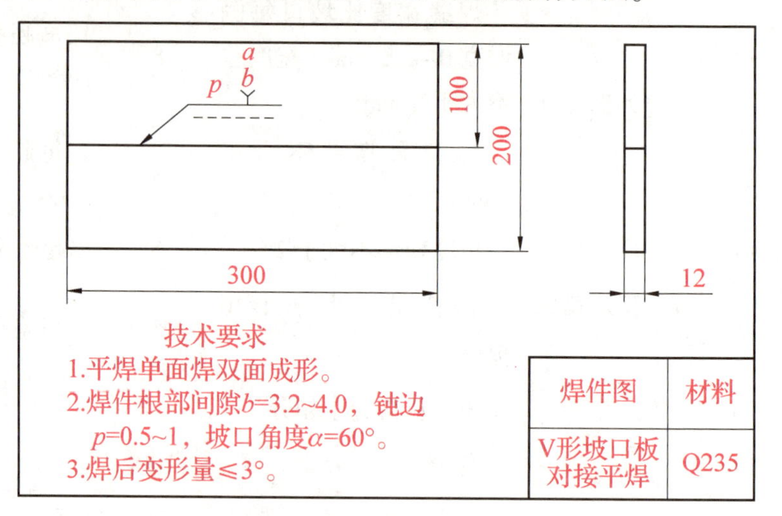

图 2-4-1　V 形坡口板对接平焊工件图

三、任务分析

当板厚大于 6 mm 时，为保证焊透，应采用 V 形或 X 形等坡口形式进行多层多道焊（打底、填充、盖面）。V 形坡口板对接平焊单面焊双面成形是指在焊件坡口正面一侧进行焊接而在焊缝正、反面都能得到均匀整齐而无缺陷的打底焊道。

此次任务的整个焊接操作工艺流程图如图 2-4-2 所示。

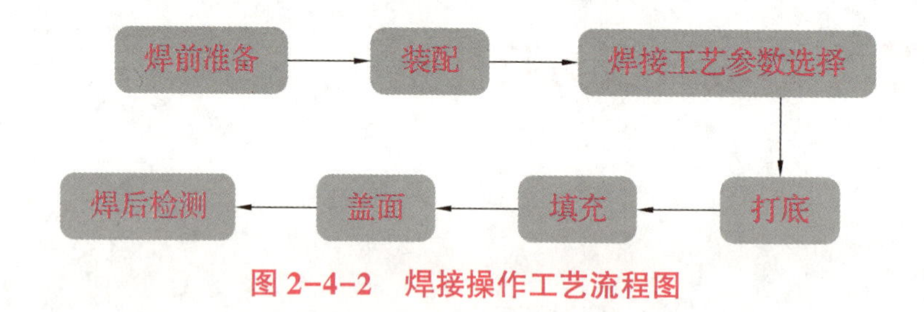

图 2-4-2　焊接操作工艺流程图

四、任务实施

1. 焊前准备

（1）焊件材料：Q235。

（2）焊件尺寸及数量：300 mm×100 mm×12 mm，2 块。

（3）焊接要求：单面焊双面成形；焊缝根部间隙为 3.2~4.0 mm；钝边为 0.5~1 mm；坡口角度为 60°V 形坡口；焊后变形量不大于 3°。

（4）焊接材料：酸性焊条 E4303（J422），碱性焊条 E4315（J427）或 E5015（J507）。酸

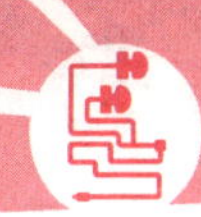

性焊条须经过 100 ℃~150 ℃烘焙 1~2 h，碱性焊条须经过 350 ℃~400 ℃烘焙 1~2 h，烘干好的焊条放在保温筒内，随用随取。

（5）弧焊电源（焊机）：可选用 BX1-315 型（交流焊机）、ZXE1-315 型（直流焊机）或 WSM-400 型（氩弧焊、电焊两用焊机）。

（6）按照安全操作要求，穿戴劳保用品，准备焊接辅助工具。辅助工具有：金属直尺、游标卡尺、焊接检测尺、钢丝刷、活扳手、手钳、螺钉旋具、手锯、焊条保温桶、风镜、敲渣锤、扁錾、角磨机、手电筒等。

2. 试件装配

1）焊前清理

打磨焊件表面，清除焊件坡口、边缘各 20 mm 范围内的油、污、锈、垢，使之露出金属光泽。修磨钝边 0.5~1 mm，无毛刺。

2）装配间隙

工件起始端坡口根部间隙为 3.2 mm，终端为 4 mm。放大终端的间隙是考虑到焊接过程中的横向收缩量，以保证熔透坡口根部所需要的间隙。错边量不大于 1.2 mm。

3）定位焊

采用与焊接焊件相同牌号的焊条，将装配好的焊件在距端部 20 mm 之内进行定位焊，并在焊件反面两端点固，焊缝长度为 10~15 mm，定位焊示意图如图 2-4-3 所示。始端可少焊些，终端应多焊一些，以防止在焊接过程中收缩造成未焊段坡口间隙变窄而影响焊接。

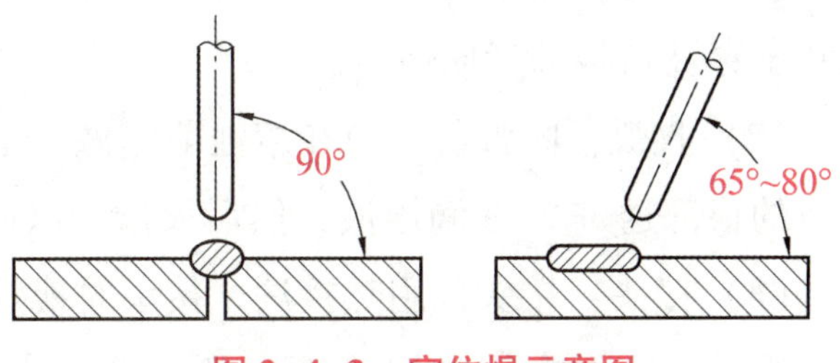

图 2-4-3　定位焊示意图

4）预置反变形

定位焊后，两手拿住其中一块钢板的两边，轻轻磕打另一块钢板，预置反变形量为 3°~5°，如图 2-4-4 所示。

预置反变形时，可用直径为 3.2 mm 的焊条夹在焊件两端，用一直尺搁在被置弯的焊件两侧，中间的空隙能通过一根带药皮的焊条，如图 2-4-5 所示。这样预置的反变形量可使待焊件焊后的变形角 θ 在合格范围内。

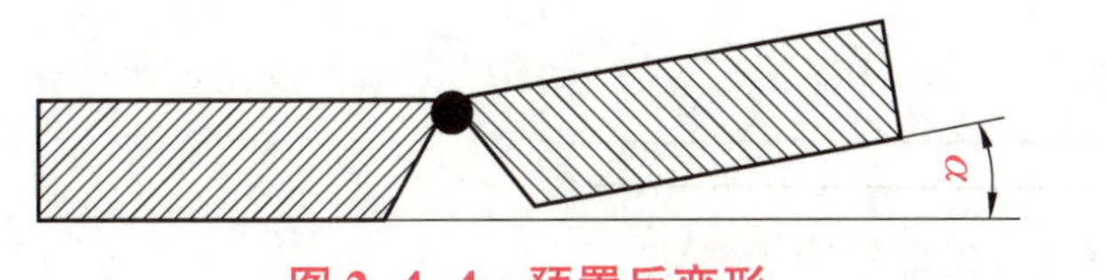

图 2-4-4　预置反变形

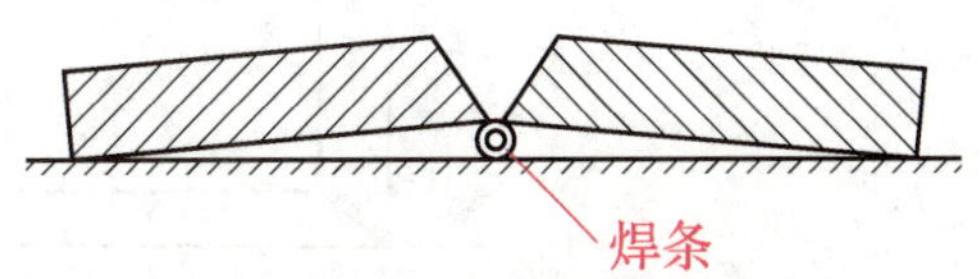

图 2-4-5　预置反变形方法

3. 焊接工艺参数选择

此次任务实际操作的焊接工艺参数如表 2-4-1 所示。其中，打底焊电流为 100~130 A，填充焊电流为 150~170 A，盖面焊电流为 130~150 A。

表 2-4-1 V 形坡口板对接平焊焊接工艺参数

焊接层次	焊条直径/mm	焊接电流/A	焊接电压/V	焊接方法
打底焊（1）	3.2	100~130	20~22	灭弧焊
填充焊（2、3）	4.0	150~170	22~24	连弧焊
盖面焊（4）	4.0	130~150	22~24	连弧焊

4. 操作要点及注意事项

1）打底焊

单面焊双面成形的关键在于打底层的焊接。下面以灭弧法为例，从引弧、收弧、接头三方面进行讲解。

（1）引弧：在始焊端的定位焊处引弧，并略抬高电弧稍作预热，焊至定位焊缝尾部时，将焊条向下压一下，听到“噗噗”的一声形成熔孔后后，立即灭弧。此时，熔池前端应有熔孔，深入两侧母材 0.5~1 mm，当熔池边缘变成暗红，熔池中间仍处于熔融状态时，立即在熔池的中间引燃电弧，焊条略向下轻微压一下，形成熔孔，打开熔孔后再立即灭弧，这样反复击穿直到焊完。运条间距要均匀准确，使电弧的 2/3 压住熔池，1/3 作用在熔池前方，用来熔化和击穿坡口根部形成熔池。

（2）收弧：收弧前，应在熔池前方做一个熔孔，然后回焊 5 mm 左右，再灭弧；或向末尾熔池的根部送进 2~3 滴熔液，然后灭弧，以使熔池缓慢冷却，避免接头出现冷缩孔。

（3）接头：接头采用热接法。接头时换焊条的速度要快，更换焊条时的电弧轨迹如图 2-4-6 所示。电弧在①位置重新引弧，沿焊道至接头处②位置，作长弧预热来回摆动（③④⑤⑥），之后在⑦位置压低电弧。当出现熔孔并听到“噗噗”声时，迅速灭弧。这时，更换焊条的接头操作结束，转入正常灭弧焊法。

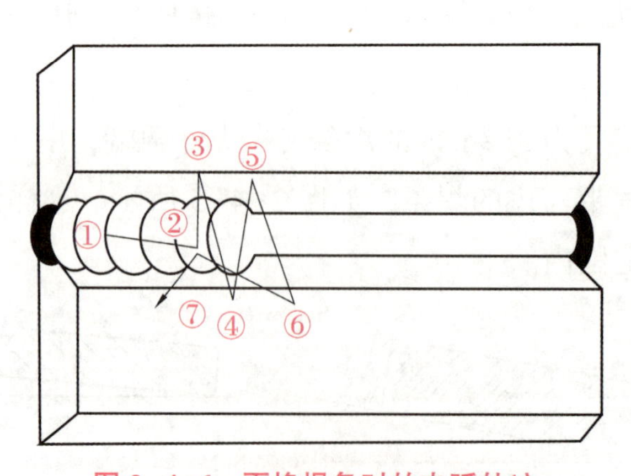

图 2-4-6 更换焊条时的电弧轨迹

2）填充焊

填充焊前应对前一层焊缝仔细清渣，特别是死角处更要清理干净。填充焊的运条手法为月牙形或锯齿形，焊条与焊接前进方向的角度为 40°~50°。填充焊时应注意以下几点。

（1）摆动到两侧坡口处要稍作停留，保证两侧有一定的熔深，并使填充焊道略向下凹。

（2）最后一层的焊缝高度应低于母材 0.5~1.0 mm。要注意不能熔化坡口两侧的棱边，以便于盖面焊时掌握焊缝宽度。

（3）接头方法：各填充层焊接时其焊缝接头应错开。

3）盖面焊

采用直径为 4.0 mm 的焊条时，焊接电流应稍小一点。要使熔池形状和大小保持均匀一致，焊条与焊接方向夹角应保持 75°左右，如图 2-4-7 所示。采用月牙形运条法和锯齿形运条法。焊条摆动到坡口边缘时应稍作停顿，以免产生咬边。盖面焊注意事项如下。

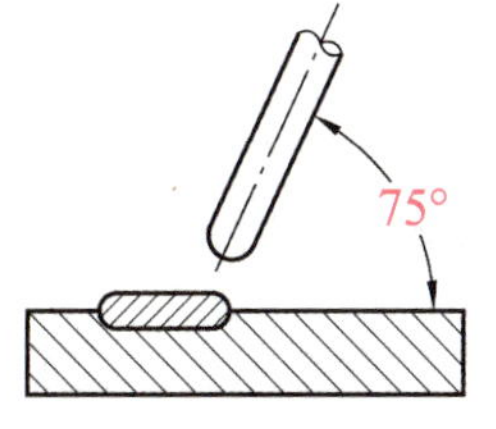

图 2-4-7　盖面焊焊条角度

（1）更换焊条收弧时应对熔池稍填熔滴，迅速更换焊条，并在弧坑前 10 mm 左右处引弧，然后将电弧退至弧坑的 2/3 处，填满弧坑后正常进行焊接。

（2）接头时应注意，若接头位置偏后，则接头部位焊缝过高；若偏前，则焊道脱节。焊接时应注意保证熔池边沿不得超过表面坡口棱边 2mm，否则，焊缝超宽。

（3）盖面层的收弧采用划圈法和回焊法，最后填满弧坑使焊缝平滑。

4）焊件清理

在焊接过程中，每条焊缝焊完后，用敲渣锤、扁錾、钢丝刷等清理焊缝上的熔渣，清理焊件表面黏附的熔池飞溅物。

5）现场 6S 管理

焊接结束后，焊接工具应摆放整齐、恢复原位，清洁现场，保证无安全隐患后方可离开。严格遵守现场 6S 管理要求，即整理、整顿、清扫、清洁、素养、安全。

五、任务评价

1. 焊接综合评价

（1）焊条规格选择正确，装配定位及预置反变形规范。

（2）焊接工艺参数选用得当。

（3）操作姿势正确，引弧顺利。

（4）单面焊双面成形技术熟练，反面成形效果好。

（5）安全操作规范到位。

2. 焊接评分标准

V 形坡口板对接平焊单面焊双面成形评分标准如表 2-4-2 所示。

表 2-4-2　V 形坡口板对接平焊单面焊双面成形评分标准

序号	考核项目	考核要求	配分	评分标准	得分
1	焊缝外观质量	表面无裂纹	5	有裂纹不得分	
2		无烧穿	5	有烧穿不得分	
3		无焊瘤	8	每处焊瘤扣 0.5 分	
4		无气孔	5	每个气孔扣 0.5 分，直径大于 1.5 mm 不得分	
5		无咬边	7	深度大于 0.5 mm，累计长 15 mm，扣 1 分	
6		无夹渣	7	每处夹渣扣 0.5 分	
7		无未熔合	7	未熔合累计长 10 mm，扣 1 分	
8		焊缝起头、接头、收尾无缺陷	8	起头收尾过高，接头脱节每处扣 1 分	
9		焊缝宽度不均匀不大于 3 mm	7	焊缝宽度变化大于 3 mm，累计长 30 mm，不得分	
10		焊件上非焊道处不得有引弧痕迹	5	有引弧痕迹不得分	
11	焊缝内部质量	焊缝内部无气孔、夹渣、未熔透、裂纹	10	Ⅰ级片不扣分，Ⅱ级片扣 5 分，Ⅲ级片扣 8 分，Ⅳ级片扣 10 分	
12	焊缝外形尺寸	焊缝宽度比坡口每侧增宽 0～2.5 mm，宽度差不大于 3 mm	8	每超差 1 mm，累计 20 mm，扣 1 分	
13		焊缝余高差不大于 2 mm	8	每超差 1 mm，累计 20 mm，扣 1 分	
14	焊后变形错位	角度变形不大于 2°	5	超差不得分	
15		错位量不大于 1/10 板厚	5	超差不得分	
16	安全生产	违章从得分中扣分			
17	总分		100	总得分	
考试计时：自　　　时　　　分至　　　时　　　分止					

六、任务拓展

问题 1：什么是单面焊双面成形操作技术？

问题 2：预置反变形的目的是什么？

任务3　V形坡口板对接横焊

一、任务目标

知识要求：

(1) 了解V形坡口板对接横焊的焊前准备工作和试件装配；

(2) 会合理选用V形坡口板对接横焊的焊接工艺参数；

(3) 掌握V形坡口板对接横焊焊缝质量评定及检测知识。

技能要求：

(1) 掌握预置反变形方法。

(2) 掌握V形坡口板对接横焊单面焊双面成形的焊接操作方法及注意事项。

二、任务导入

在生产实践中，单面横焊双面成形多用于小型容器或小口径管道的横位纵、环焊缝的焊接，这种焊接方式可以实现在容器外面施焊而容器里面也能形成焊缝。本次任务的工件图如图3-5-1所示，要求能准确识读图样，按照图样的技术要求完成工件制作，掌握V形坡口板对接横焊单面焊双面成形的操作方法。

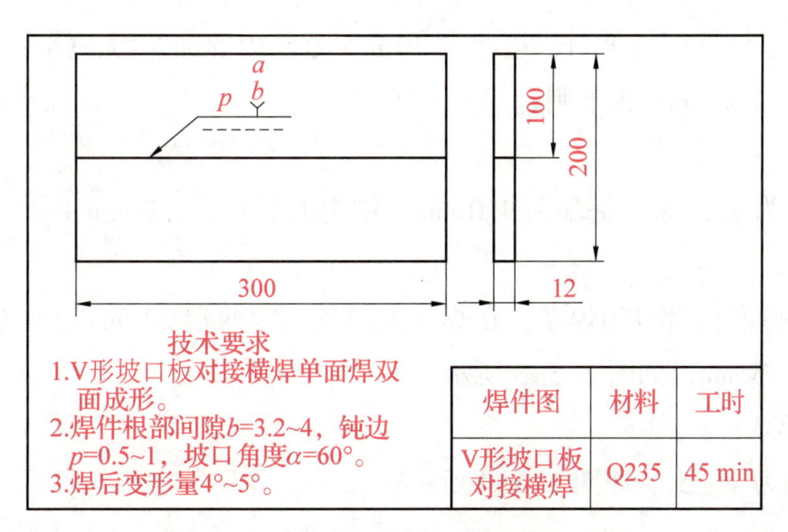

图2-5-1　V形坡口板对接横焊工件图

三、任务分析

板对接横焊时，熔池熔化金属在自重的作用下容易下淌，并且在焊缝上侧易出现咬边，下侧易出现下坠而造成未熔合和焊瘤等缺陷。所以，要采用小参数、短弧焊接。灭弧焊打底时，灭弧频率要适当，电弧在坡口根部停留时间要恰当。多道焊时，要根据焊道的不同位置调整合适的焊条角度。

四、任务实施

1. 焊前准备

（1）焊件材料：Q235 或 Q345（16Mn）。

（2）焊件尺寸及数量：300 mm×100 mm×12 mm，2 块；坡口为 60°V 形坡口，如图 2-5-2 所示。

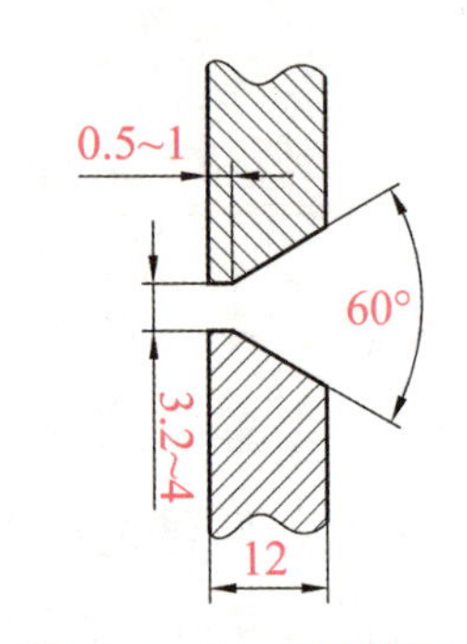

图 2-5-2　对接横焊试件坡口

（3）焊接要求：单面焊双面成形。

（4）焊接材料：酸性焊条 E4303（J422），碱性焊条 E4315（J427）或 E5015（J507）。酸性焊条须经过 100 ℃~150 ℃烘焙 1~2 h，碱性焊条须经过 350 ℃~400 ℃烘焙 1~2 h，烘干好的焊条放在保温筒内，随用随取。

（5）弧焊电源（焊机）：可选用 BX1-315 型（交流焊机）、ZXE1-315 型（直流焊机）或 WSM-400 型（氩弧焊、电焊两用焊机）。

（6）按照安全操作要求，穿戴劳保用品，准备焊接辅助工具。辅助工具有：金属直尺、游标卡尺、焊接检测尺、钢丝刷、活扳手、手钳、螺钉旋具、手锯、焊条保温桶、风镜、敲渣锤、扁錾、角磨机、手电筒等。

2. 试件装配

1）焊前清理

打磨焊件表面，清除焊件坡口、边缘各 20 mm 范围内的油、污、锈、垢，使之露出金属光泽。修磨钝边 1~1.5 mm，无毛刺。

2）装配间隙

装配始端间隙为 3.2 mm，终端为 4.0 mm，错边量不大于 1.2 mm。

3）定位焊

采用与焊接焊件相同牌号的焊条，在焊件坡口反面距两端 20 mm 之内进行定位焊，定位焊焊缝长度为 10~15 mm，如图 2-5-3 所示。

4）预置反变形

预置反变形量为 4°~5°，如图 2-5-4 所示。

3. 焊接工艺参数选择

本次实操任务的焊接工艺参数如表 2-5-1 所示，其中打底焊电流为 90~110 A，填充焊电流为 100~120 A，盖面焊电流为 100~110 A。

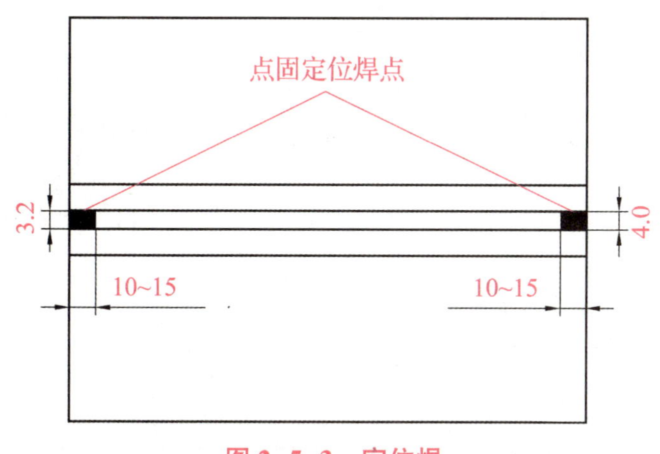

图 2-5-3　定位焊

α

图 2-5-4　预置反变形

表 2-5-1　V 形坡口板对接横焊焊接工艺参数

焊接层次	焊条直径/mm	焊接电流/A	焊接电压/V
打底焊（1）	3.2	90~110	22~24
填充焊（2、3）	3.2	100~120	22~26
盖面焊（4、5、6）	3.2	100~110	22~24

4. 操作要点及注意事项

1）打底焊

本次 V 形坡口板对接横焊采用三层多道焊，焊道分布图如图 2-5-5 所示。

打底焊为一层一道焊，采用间断灭弧击穿法。

（1）灭弧击穿坡口形成熔孔：首先在定位焊点之前引弧，随后将电弧拉到定位焊点的尾部预热，当坡口钝边即将熔化时，将熔滴送至坡口根部，并压一下电弧，从而在定位焊缝和坡口钝边结合处熔合成第一个熔池。当听到背面有电弧的击穿声时，立即灭弧，这时就形成明显的熔孔。

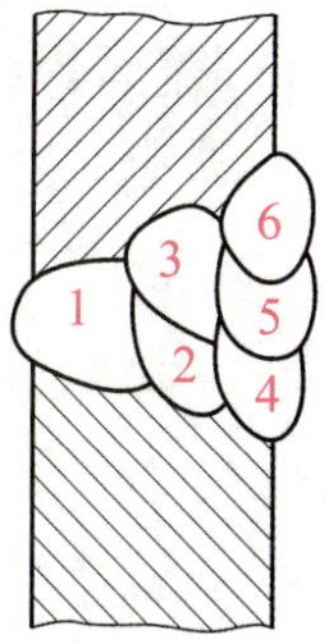

1 2 3 4 5 6

图 2-5-5　横焊焊道分布图

（2）往复灭弧保持熔孔现状及大小：保持上下坡口钝边熔合形成的熔孔均匀一致，并依次往复击穿灭弧焊。灭弧时，焊条向后下方动作要快速、干净利落。从灭弧转入引弧时，焊条要接近熔池，待熔池温度下降、颜色由亮变暗时，迅速而准确地在原熔池上引弧焊接片刻，再马上灭弧。如此反复地引弧→焊接→灭弧→引弧，保持熔孔现状及大小。

（3）焊接时要求保持熔孔始终超前上一个熔孔 0.5~1 个熔孔位置，如图 2-5-6 所示，以防止熔化金属下坠造成黏接，出现熔合不良或者熔池缩孔的缺陷。

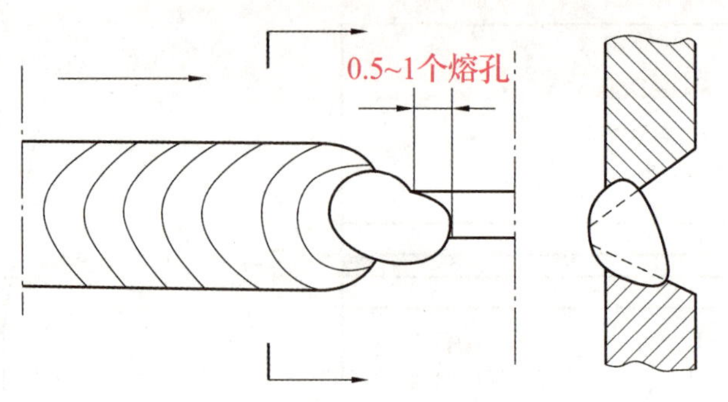

图 2-5-6　坡口两侧熔孔示意图

2）填充焊

填充层的焊接采用两道焊接，每条焊道均采用直线形或直线往返形运条，焊条前倾角为 80°~85°，如图 2-5-7 所示。下倾角根据坡口上、下侧与打底焊道间夹角处熔化情况调整，防止产生未焊透与夹渣等缺陷，并且使上焊道覆盖下焊道 1/2~2/3，防止焊层过高或形成层间沟槽。

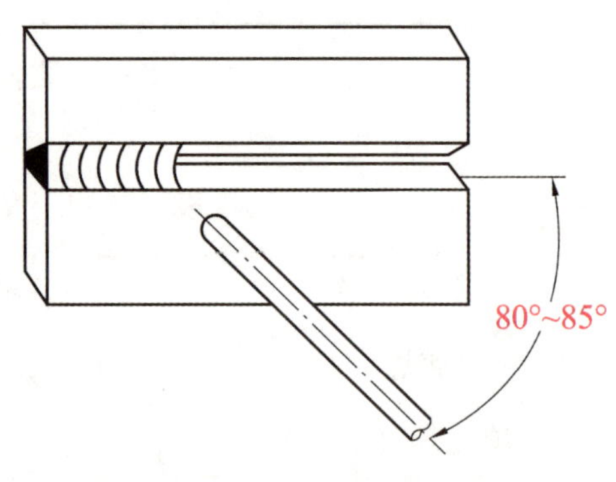

图 2-5-7　填充焊焊条前倾角

3）盖面焊

盖面层焊接也采用多道焊（分 3 道），焊条角度如图 2-5-8 所示。

（1）上、下边缘焊道（第 4 和第 6 道）施焊时，运条应稍快些，焊道尽可能细、薄一些，这样有利于盖面焊缝与母材圆滑过渡。

（2）中间焊道（第 5 道）施焊时，运条须稍慢些，可使得中间焊道饱满。

（3）盖面焊缝的实际宽度以上、下坡口边缘各熔化 1.5~2 mm 为宜。

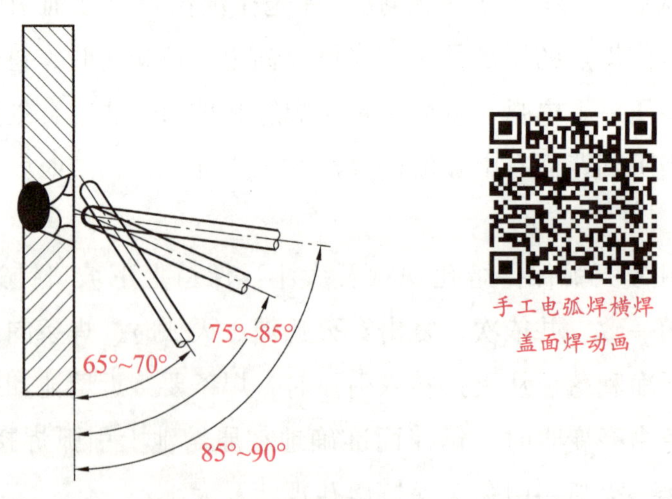

图 2-5-8　盖面焊的焊条角度

4）焊件清理

在焊接过程中，每条焊缝焊完后，用敲渣锤、扁錾、钢丝刷等清理焊缝上的熔渣，清理焊件表面黏附的熔池飞溅物。

5）现场 6S 管理

焊接结束后，焊接工具应摆放整齐、恢复原位，清洁现场，保证无安全隐患后方可离开。严格遵守现场 6S 管理要求，即整理、整顿、清扫、清洁、素养、安全。

五、任务评价

1. 焊接综合评价

（1）焊条规格选择正确，装配定位及预置反变形规范。

（2）焊接工艺参数选用得当。

（3）操作姿势正确，引弧顺利。

（4）单面焊双面成形技术熟练，反面成形效果好。

（5）安全操作规范到位。

2. 焊接评分标准

V 形坡口板对接横焊单面焊双面成形评分标准如表 2-5-2 所示。

表 2-5-2　V 形坡口板对接横焊单面焊双面成形评分标准

序号	考核项目	考核要求	配分	评分标准	得分
1	焊缝外观质量	表面无裂纹	5	有裂纹不得分	
2		无烧穿	5	有烧穿不得分	
3		无焊瘤	8	每处焊瘤扣 0.5 分	
4		无气孔	5	每个气孔扣 0.5 分，直径大于 1.5 mm 不得分	
5		无咬边	7	深度大于 0.5 mm，累计长 15 mm，扣 1 分	
6		无夹渣	7	每处夹渣扣 0.5 分	
7		无未熔合	7	未熔合累计长 10 mm，扣 1 分	
8		焊缝起头、接头、收尾无缺陷	8	起头收尾过高，接头脱节每处扣 1 分	
9		焊缝宽度不均匀不大于 2 mm	7	焊缝宽度变化大于 3 mm，累计长 30 mm，不得分	
10		焊件上非焊道处不得有引弧痕迹	5	有引弧痕迹不得分	
11	焊缝内部质量	焊缝内部无气孔、夹渣、未熔透、裂纹	10	Ⅰ级片不扣分，Ⅱ级片扣 5 分，Ⅲ级片扣 8 分，Ⅳ级片扣 10 分	

续表

序号	考核项目	考核要求	配分	评分标准	得分
12	焊缝外形尺寸	焊缝宽度比坡口每侧增宽 0~2.5 mm，宽度差不大于 2 mm	8	每超差 1 mm，长度累计 20 mm，扣 1 分	
13		焊缝余高差不大于 2 mm	8	每超差 1 mm，累计 20 mm，扣 1 分	
14	焊后变形错位	角度变形不大于 2°	5	超差不得分	
15		错位量不大于 1/10 板厚	5	超差不得分	
16	安全生产	违章从得分中扣分			
17	总分		100	总得分	
考试计时：自　　时　　分至　　时　　分止					

六、任务拓展

问题 1：V 形坡口板对接横焊的打底焊操作有哪些技巧？

问题 2：盖面层的多道焊要注意哪些问题？

任务 4 V 形坡口板对接仰焊

一、任务目标

知识要求：

(1) 掌握手工电弧焊 V 形坡口板对接仰焊焊前准备工作和试件装配；

(2) 能合理选用手工电弧焊 V 形坡口板对接仰焊的焊接工艺参数；

(3) 了解手工电弧焊 V 形坡口板对接仰焊的焊缝质量评定及检测知识。

技能要求：

(1) 掌握预置反变形方法；

(2) 掌握 V 形坡口板对接仰焊的焊接操作方法。

二、任务导入

在生产实践中，单面仰焊双面成形多用于小型容器或小口径管道的纵、环仰焊缝的焊接，这种焊接方式可以实现在容器外面施焊而容器内部也能形成焊缝。本次焊接任务的工件图如图 2-6-1 所示，要求能准确识读图样，并按照图样的技术要求完成工件制作，掌握 V 形坡口板对接仰焊单面焊双面成形的操作技能。

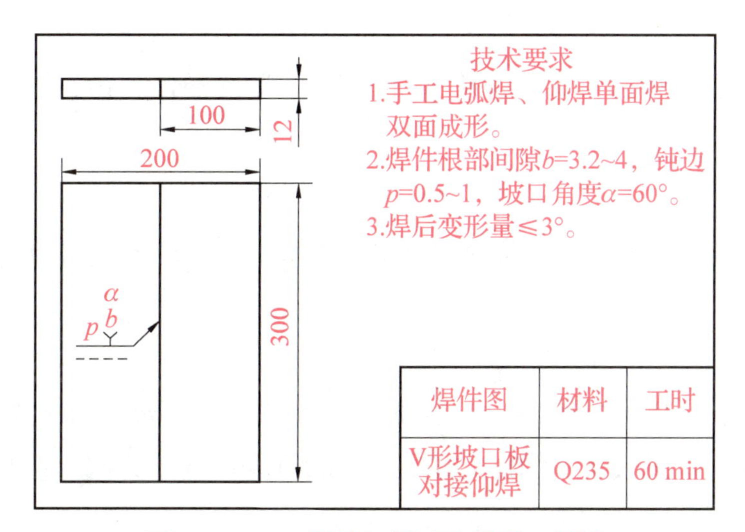

图 2-6-1　V 形坡口板对接仰焊工件图

三、任务分析

仰焊时，熔池倒悬在焊件下面，熔滴和熔池中的熔化金属在重力的作用下容易下淌而形成焊瘤，且背面焊缝容易下凹，影响焊缝成形。为了控制熔池的大小和温度，减少和防止液体金属的下淌，除采用较小的焊接参数（较小直径的焊条和较小的焊接电流，以及最短的电弧）外，操作时还应借助焊条的电弧吹力和焊条的推送力将熔滴向上“顶推”。

四、任务实施

1. 焊前准备

（1）焊件材料：Q235。

（2）焊件尺寸及数量：300 mm×100 mm×12 mm，2 块；坡口为 60°V 形坡口。

（3）焊接要求：单面焊双面成形。

（4）焊接材料：酸性焊条 E4303（J422），碱性焊条 E4315（J427）或 E5015（J507）。酸性焊条须经过 100 ℃ ~ 150 ℃烘焙 1 ~ 2 h，碱性焊条须经过 350 ℃ ~ 400 ℃烘焙 1 ~ 2 h，烘干好的焊条放在保温筒内，随用随取。

（5）弧焊电源（焊机）：可选用 BX1-315 型（交流焊机）、ZXE1-315 型（直流焊机）或 WSM-400 型（氩弧焊、电焊两用焊机）。

（6）按照安全操作要求，穿戴劳保用品，准备焊接辅助工具。辅助工具有：金属直尺、游标卡尺、焊接检测尺、钢丝刷、活扳手、手钳、螺钉旋具、手锯、焊条保温桶、风镜、敲渣锤、扁錾、角磨机、手电筒等。

2. 试件装配

1）焊前清理

打磨焊件表面，清除焊件坡口、边缘各 20 mm 范围内的油、污、锈、垢，使之露出金属光泽。修磨钝边 0.5～1 mm，无毛刺。

2）装配间隙

始端为 3.2 mm，终端为 4 mm。放大终端的间隙是考虑到焊接过程中的横向收缩量，以保证熔透坡口根部所需要的间隙。错边量不大于 1.2 mm。

3）定位焊

采用与焊接焊件相同牌号的焊条，将装配好的焊件在距端部 20 mm 之内进行定位焊，并在焊件反面两端点固，焊缝长度为 10～15 mm。始端可少焊些，终端应多焊一些，以防止在焊接过程中收缩造成未焊段坡口间隙变窄而影响焊接。

4）预置反变形

定位焊后，两手拿住其中一块钢板的两边，轻轻磕打另一块钢板，预置反变形量为 3°～5°。

定位焊后将工件按照仰焊位置要求装夹在夹具上并拧紧，装夹高度为 800～900 mm。

3. 焊接工艺参数选择

此次任务实际操作的焊接工艺参数如表 2-6-1 所示。其中，打底焊电流为 110～120 A，填充焊电流为 115～125 A，盖面焊电流为 120 A（并可根据需要，将焊机的引弧电流及推力电流功能打开）。

表 2-6-1　V 形坡口板对接仰焊焊接工艺参数

焊接层次	焊条直径/mm	焊接电流/A	焊接电压/V	电源极性
打底焊	3.2	110～120	22～24	直流正接 （或直流反接）
填充焊	3.2	115～125	22～24	直流反接
盖面焊	3.2	115～125	22～24	直流反接

4. 操作要点及注意事项

仰焊时，熔池倒悬在焊件上面，熔化金属的重力会阻碍熔滴过渡。由于熔池温度越高，表面张力越小，因此仰焊时必须保持最短的电弧长度，依靠电弧吹力使熔滴在很短时间内过渡到熔池中，在表面张力的作用下，很快与熔池的液体金属汇合，促使焊缝成形。

操作姿势：视线要选择最佳位置，两脚成半开步站立，上身要稳，由远而近地运条，为了减轻臂弯的负担，可将电缆线挂在临时设置的钩子上。

焊接位置：试板固定在水平面内，坡口朝下，间隙小的一端放在前侧。

1）打底焊

V形坡口板对接仰焊单面焊双面成形的关键在于打底层的焊接。打底焊采用断续灭弧法，关键是保证背面焊透，下凹小，正面平。填充焊和盖面焊均采用小幅度锯齿形摆动，幅度要小，速度均匀。保持焊条与焊件的夹角为90°，与焊接方向夹角为60°~70°，如图2-6-2所示。下面以断弧法为例，从引弧、收弧、接头等方面进行讲解。

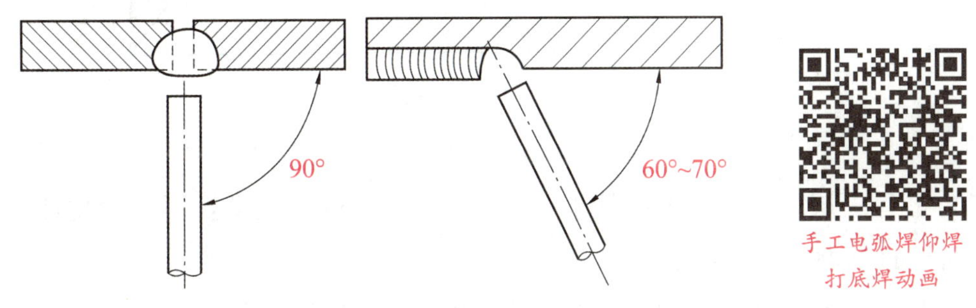

图2-6-2　焊接角度

（1）电源极性：采用直流正接或者直流反接。

采用直流正接时，焊接电流配合引弧电流和推力电流，可使焊条的电弧推力增加，背面焊缝透出较饱满，不容易内凹；但电弧的稳定性较差，特别是使用碱性焊条时，容易黏焊条。不建议新手使用。

采用直流反接时，焊接电流配合引弧电流和推力电流，电弧稳定，背面容易成形；但电弧推力较直流正接小，背面焊缝成形容易内凹。

（2）引弧：首先使焊条与始焊端的定位焊缝接触，电弧引燃后迅速拉长，并做轻轻的摆动预热为2~3 s，然后立即将焊条向坡口间隙的根部顶一下，可以看到定位焊缝与坡口根部金属熔化形成熔池，并听到"噗嗤"声音，表明坡口根部已被击穿，第一个熔池已经形成，并使熔池前方形成向坡口两侧各深入0.5~1 mm的熔孔，然后将焊条向斜下方熄弧。当熔池颜色由明变暗时，重新燃弧形成熔孔后再熄弧，如此不断地使每个新形成的熔池覆盖前一个熔池的1/3~1/2。

（3）收弧：一根焊条焊完收弧前，应在熔池前方做一个熔孔，然后回焊5 mm左右再灭弧；或向末尾熔池的根部送进2~3滴熔液，然后灭弧，以使熔池缓慢冷却，避免接头出现冷缩孔。

（4）接头：采用热接法。接头时换焊条的速度要快，当熔池收缩还没有完全冷却时，立即在熔池后10~15 mm处引弧，当电弧移至收弧熔池边缘时，将焊条向上顶，听到击穿声，稍作停顿，再给两滴熔液，以保证接头过渡平整，防止形成冷缩孔，然后转入正常灭弧焊手法。

2）填充焊

填充焊前应对前一层焊缝仔细清渣，特别是死角处更要清理干净。填充焊的运条方法为短弧月牙形或锯齿形，焊条与焊接前进方向的角度为85°~90°。仰焊的运条方法如图2-6-3所示。

填充焊时应注意以下几点。

（1）摆动到两侧坡口处要稍作停留，保证两侧有一定的熔深，并使填充焊道略向下凹。

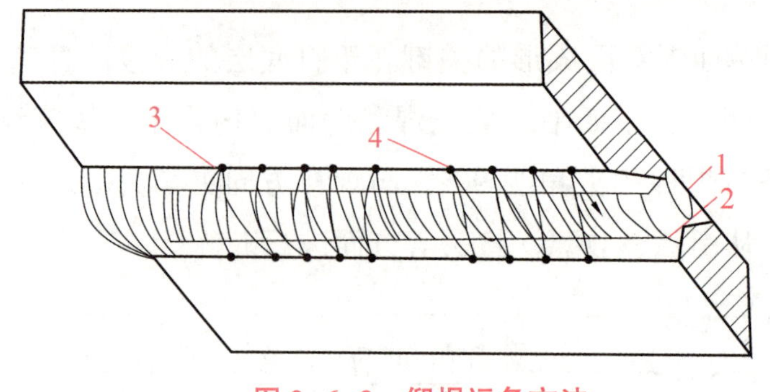

图 2-6-3 仰焊运条方法

1—第一层焊道；2—第二层焊道；3—月牙形运条；4—锯齿形运条

（2）最后一层的焊缝高度应低于母材 0. 5~1. 0 mm。注意：不能熔化坡口两侧的棱边，以便于盖面焊时掌握焊缝宽度。

（3）接头方法：各填充层焊接时其焊缝接头应错开。

3）盖面焊

盖面层焊接时，焊条与焊接方向夹角应保持 90°左右，采用短弧、月牙形运条法和锯齿形运条法。焊条摆动到坡口边缘时应稍作停顿，以免产生咬边和熔合不良，要使熔池形状和大小均匀一致。保持熔池外形平直，如有凸形出现，可使焊条在坡口两侧停留时间稍长一些，必要时做灭弧动作，以保证焊缝成形均匀平整。

盖面焊注意事项如下。

（1）更换焊条收弧时应对熔池稍填熔滴，采用热接法，迅速更换焊条，并在弧坑前 10 mm 左右处引弧，然后将电弧退至弧坑的 2/3 处，划一个小圆圈，使弧坑重新熔化，随后正常进行焊接。

（2）接头时应注意，若接头位置偏后，则接头部位焊缝过高；若偏前，则焊道脱节。焊接时应注意保证熔池边沿不得超过表面坡口棱边 2 mm，否则，焊缝超宽。

（3）焊缝结束时不能立即拉断电弧，否则会形成弧坑；应进行收尾处理，以保证连续的焊缝外形维持正常的熔池温度，采用灭弧收尾法，逐渐填满弧坑后熄弧。

4）焊件清理

在焊接过程中，每条焊缝焊完后，用敲渣锤、扁錾、钢丝刷等清理焊缝上的熔渣，清理焊件表面黏附的熔池飞溅物。

5）现场 6S 管理

焊接结束后，焊接工具应摆放整齐、恢复原位，清洁现场，保证无安全隐患后方可离开。严格遵守现场 6S 管理要求，即整理、整顿、清扫、清洁、素养、安全。

五、任务评价

1. 焊接综合评价

（1）焊条规格选择正确，装配定位及预置反变形规范。

（2）焊接工艺参数选用得当。

（3）操作姿势正确，引弧顺利。

（4）单面焊双面成形技术熟练，反面成形效果好。

（5）安全操作规范到位。

2. 焊接评分标准

V 形坡口板对接仰焊评分标准如表 2-6-2 所示。

表 2-6-2　V 形坡口板对接仰焊评分标准

序号	考核项目	考核要求	配分	评分标准	得分
1	焊缝外观质量	表面无裂纹	5	有裂纹不得分	
2		无烧穿	5	有烧穿不得分	
3		无焊瘤	8	每处焊瘤扣 0.5 分	
4		无气孔	5	每个气孔扣 0.5 分，直径大于 1.5 mm 不得分	
5		无咬边	7	深度大于 0.5 mm，累计长 15 mm，扣 1 分	
6		无夹渣	7	每处夹渣扣 0.5 分	
7		无未熔合	7	未熔合累计长 10 mm，扣 1 分	
8		焊缝起头、接头、收尾无缺陷	8	起头收尾过高，接头脱节每处扣 1 分	
9		焊缝宽度不均匀不大于 3 mm	7	焊缝宽度变化大于 3 mm，累计长 30 mm，不得分	
10		焊件上非焊道处不得有引弧痕迹	5	有引弧痕迹不得分	
11	焊缝内部质量	焊缝内部无气孔、夹渣、未熔透、裂纹	10	Ⅰ级片不扣分，Ⅱ级片扣 5 分，Ⅲ级片扣 8 分，Ⅳ级片扣 10 分	
12	焊缝外形尺寸	焊缝宽度比坡口每侧增宽 0 ~ 2.5 mm，宽度差不大于 3 mm	8	每超差 1 mm，累计 20 mm，扣 1 分	
13		焊缝余高差不大于 2 mm	8	每超差 1 mm，累计 20 mm，扣 1 分	
14	焊后变形错位	角度变形不大于 2°	5	超差不得分	
15		错位量不大于 1/10 板厚	5	超差不得分	
16	安全生产	违章从得分中扣分			
17	总分		100	总得分	
考试计时：自　　时　　分至　　时　　分止					

六、任务拓展

问题 1：板对接仰焊有何难点？

问题 2：仰焊打底焊如何接头？

问题 3：仰焊打底焊为什么需要采用直流正接？

任务5 T形接头平角焊

一、任务目标

知识要求：

（1）掌握平角焊的基本知识，熟悉平角焊基本应用范围；

（2）掌握平角焊的工艺特点及焊接工艺参数选用；

（3）了解平角焊工件的质量检测。

技能要求：

（1）掌握平角焊的单层焊、多层焊、多层多道焊操作方法；

（2）能正确选用平角焊的工艺参数。

二、任务导入

在焊接工程应用中，平角焊多用于梁、柱、架及船的球鼻、龙骨的角接或T形接头结构件中，常见的桥梁、大型高压线柱和各种桁架等基本都会采用平角焊。本次的焊接任务工件图如图2-7-1所示，要求能准确识读图样，按照图样的技术要求完成工件制作，掌握平角焊的基本操作技能。

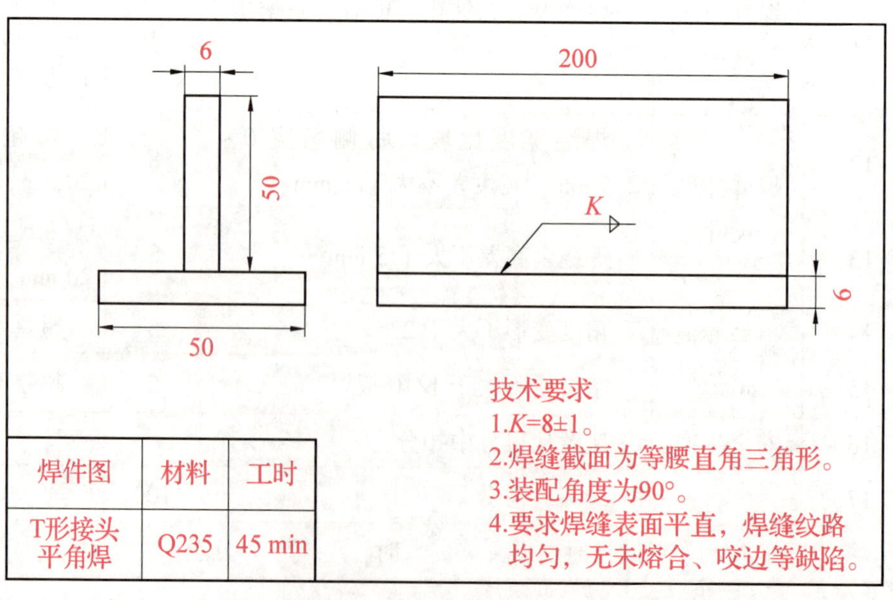

焊件图	材料	工时
T形接头平角焊	Q235	45 min

图 2-7-1　平角焊工件图

三、任务分析

平角焊，主要是指T形接头、搭接接头和角接接头的平焊。角焊缝的焊脚尺寸应符合技术要求，以保证焊接接头的强度。一般焊脚尺寸随焊件厚度的增大而增加，焊脚尺寸与钢板厚度的关系如表2-7-1所示。

表2-7-1　焊脚尺寸与钢板厚度的关系　mm

钢板厚度	3~6	6~9	9~12	12~16	16~23
最小焊脚尺寸	3	4	5	6	8

焊脚尺寸决定焊接层数和焊道数量。当焊脚尺寸在5 mm以下时，多采用单层焊；焊脚尺寸6~10 mm时，多采用多层焊；焊脚尺寸大于10 mm，多采用多层多道焊。

对于厚度相同的焊件，保持焊条与水平焊件成45°、与焊接方向成65°~80°的夹角，如图2-7-2（a）、（d）所示。由不等厚度板组成的角焊缝在焊接时，要相应地调节焊条的角度，电弧要偏向于厚板一侧，使厚板所受热量增加。通过焊条角度的调节，使厚、薄两板受热趋于均匀，以保证接头良好地熔合，如图2-7-2（b）、（c）所示。

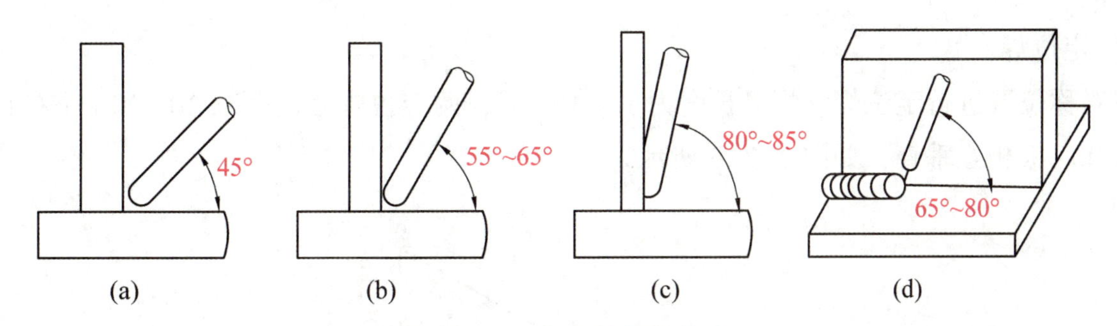

图2-7-2　角焊缝焊接角度

焊接操作工艺对整个焊接尤为重要，此次任务的整个焊接操作工艺过程如图2-7-3所示。

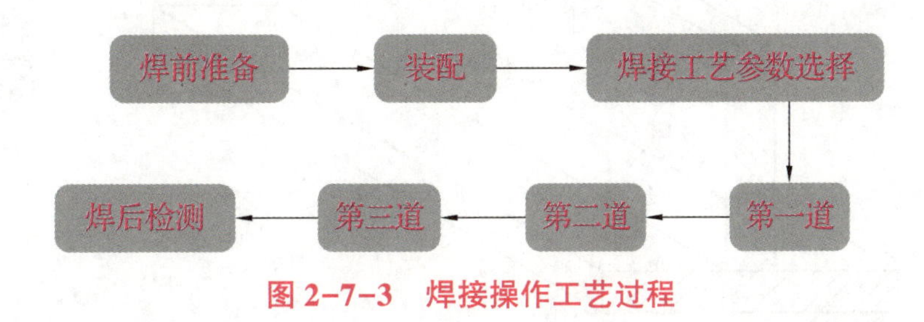

图2-7-3　焊接操作工艺过程

四、任务实施

1. 焊前准备

（1）焊件材料：Q235。

（2）焊件尺寸及数量：200 mm×50 mm×6 mm，2块。焊件按图2-7-4所示进行装配。

(3) 焊接材料：酸性焊条 E4303（J422），碱性焊条 E4315（J427）或 E5015（J507），碱性焊条须 350 ℃~400 ℃,烘焙 2 h，随用随取。

(4) 弧焊电源（焊机）：可选用 BX1-315 型（交流焊机）、ZX7-315 型（直流焊机）或 WSM-400 型（氩弧焊、电焊两用焊机）。

图 2-7-4 焊件准备

(5) 按照安全操作要求，穿戴劳保用品，准备焊接辅助工具。辅助工具有：金属直尺、游标卡尺、焊接检测尺、钢丝刷、活扳手、手钳、螺钉旋具、手锯、焊条保温桶、风镜、敲渣锤、角磨机、手电筒等。

2. 试件装配

1）焊前清理

打磨焊件表面待焊接部位两侧、边缘各 20 mm 范围内的油、污、锈、垢，使之露出金属光泽。

2）装配间隙

参照施工图，划出装配定位线，并按照装配定位线将试件装配成 T 形接头，装配间隙为 0~2 mm。

3）定位焊

在对称位置进行定位焊，焊缝长度为 10~15 mm，两定位焊之间距离 10~20 cm 左右，保证立板和底板相互垂直，如图 2-7-5 所示。

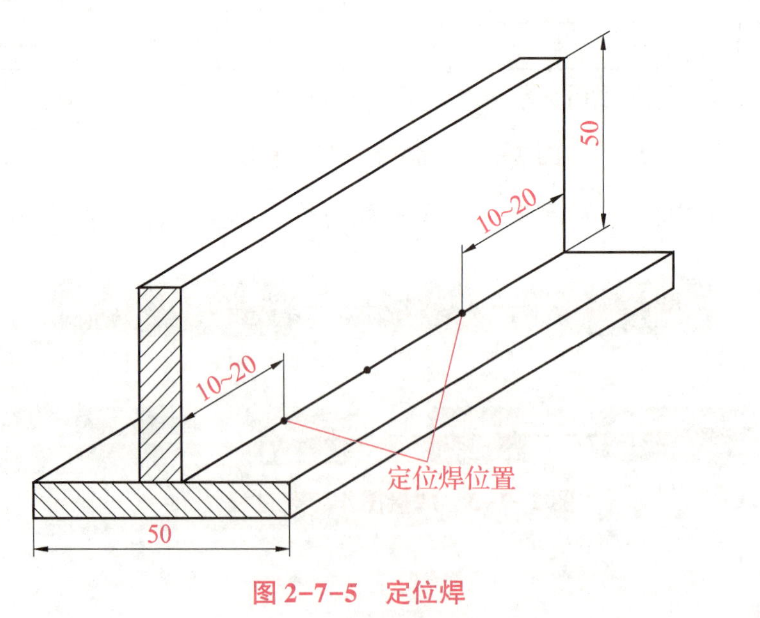

平角焊装配及定位焊

图 2-7-5 定位焊

3. 焊接工艺参数选择

T 形接头平角焊焊接工艺参数如表 2-7-2 所示。

表 2-7-2　T 形接头平角焊焊接工艺参数

焊接层次	焊条直径/mm	焊接电流/A	焊接电压/V
打底焊（1）	3.2	120~140	22~24
盖面焊（2、3）	3.2	120~140	22~24

1）焊机极性选择

（1）交流焊机：焊钳与地线（搭铁），可以互换。

（2）直流焊机：直流反接，焊钳接焊机输出端正极，地线（搭铁）接焊机输出端负极。直流反接具有飞溅小、电弧稳定等特点。

（3）氩弧焊、电焊两用焊机：选择焊机电焊功能，并选择直流反接。

2）焊接电流

（1）单层焊：120~140 A；

（2）多层焊：第一层（打底焊）电流为 130 A，第二层（盖面焊）电流为 130 A；

（3）多层多道焊：第一层（打底焊）电流为 130 A，第二层第一道（盖面焊）电流为 130 A，第二层第二道（盖面焊）电流 120 A。

3）电弧电压

电弧电压选用 22~24 V，采用短弧焊（弧长不超过焊条直径）。

4. 多层多道焊焊接操作过程

1）打底焊

（1）从试件的左端引燃电弧后，压低电弧，向右端匀速焊接。

（2）采用直线运条法，短弧焊接。保持焊条与水平焊件成 45°、与焊接方向成 60°~80°的夹角，如图 2-7-6 所示。焊条在上边缘稍微停顿一些，注意两边停留时间，以免产生咬边。

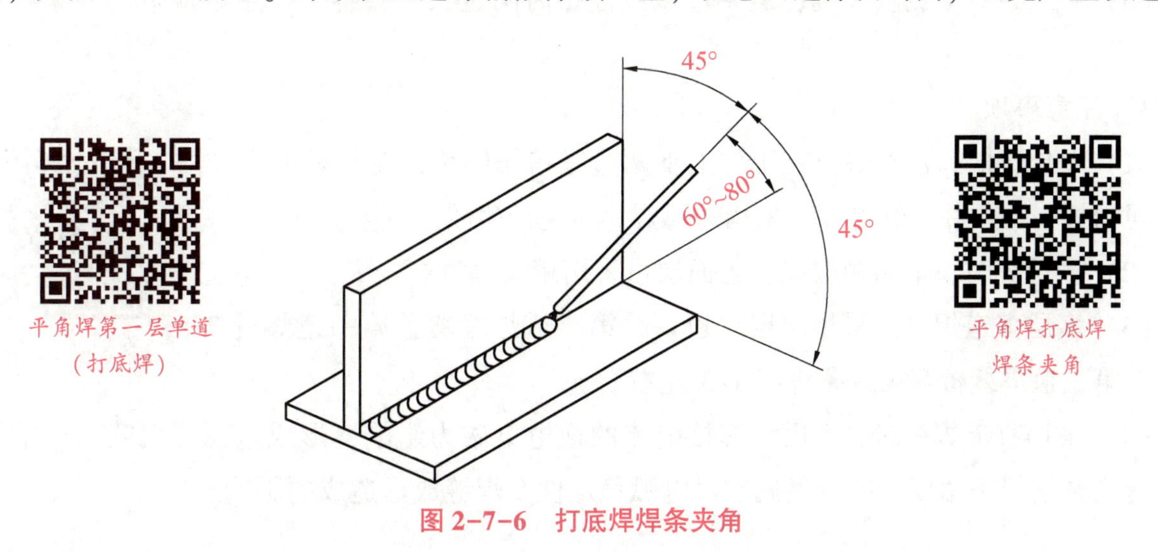

图 2-7-6　打底焊焊条夹角

（3）打底焊焊接快完成时注意填满弧坑。

2）填充焊

平角焊第二道焊

（1）先对前一道焊缝仔细清渣，特别是死角处更要清理干净。

（2）填充焊运条手法可采用斜圆圈形运条法，焊条与焊接方向的角度为75°左右，与水平焊件夹角为45°~50°。

（3）填充焊的焊道覆盖第一道焊道的2/3左右。

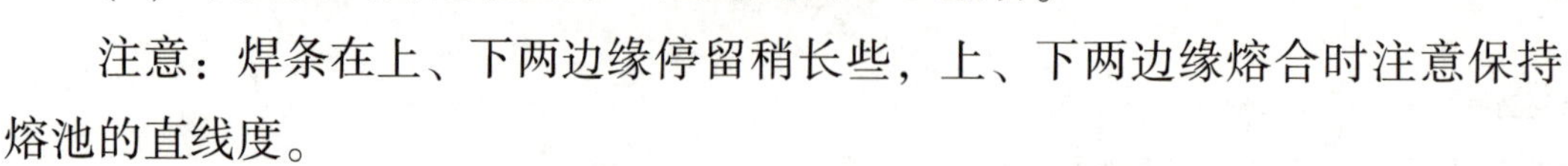

注意：焊条在上、下两边缘停留稍长些，上、下两边缘熔合时注意保持熔池的直线度。

3）盖面焊

（1）盖面焊时，运条手法为直线形运条法，焊道对第二条焊缝覆盖1/3左右，焊条保持与焊接前进方向的角度为70°左右，与底板之间夹角为40°左右。T形接头焊道分布如图2-7-7所示。

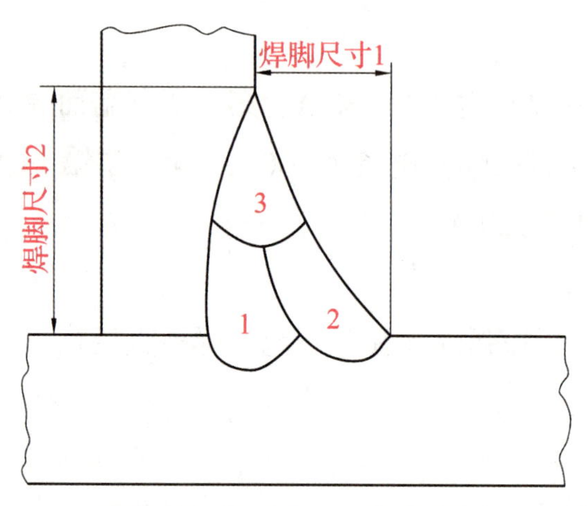

图2-7-7　T形接头焊道分布

平角焊第三道焊

（2）运条速度稍快，焊接电流为120 A左右。

（3）第三道焊缝比较关键，运条过慢或停留时间过长，会容易产生熔池下淌现象和咬边现象。

4）注意事项

平角焊注意事项

（1）单层焊时，注意焊条在工件上下两边缘稍作停留，尤其是上边缘停顿时间稍长一些，并压低电弧，采用短弧焊，避免产生咬边现象。

（2）多层焊时，采用两层焊，盖面层可采用稍大电流。

（3）多层多道焊时，采用两层三道焊，第二道焊缝覆盖第一道焊缝2/3左右，第三道焊缝覆盖第二条焊缝1/3左右。

（4）采用直流焊机时，会因为焊接电流的通电电磁力影响，形成电弧磁偏吹，可采用短弧并适当调整焊条角度，减少磁偏吹对电弧稳定性及焊缝成形造成的影响。

五、任务评价

1. 焊接综合评价

（1）焊机极性选择正确。

（2）焊接工艺参数选用得当。

（3）操作姿势正确，引弧顺利。

（4）焊道与焊缝层次之间熔合良好，成形美观。

（5）安全操作规范到位。

2. 焊接评分标准

T 形接头平角焊评分标准如表 2-7-3 所示。

表 2-7-3　T 形接头平角焊评分标准

序号	考核项目	考核要点	配分	评分标准	得分
1	焊前准备	劳保着装及工具准备齐全，并符合要求，参数设置、设备调试正确	5	劳保着装及工具准备不符合要求，参数设置、设备调试不正确有一项扣 1 分	
2	焊接操作	试件固定的空间位置符合要求	10	试件固定的空间位置超出规定范围不得分	
3	焊缝外观	焊缝表面不允许有焊瘤、气孔、夹渣	10	出现任何一种缺陷不得分	
		焊缝咬边深度不大于 0.5 mm，两侧咬边总长不超过焊缝有效长度的 15%	10	焊缝咬边深度不大于 0.5 mm，累计长度每 5 mm 扣 1 分，累计长度超过焊缝有效长度的 15%不得分；咬边深度大于 0.5 mm 不得分	
		焊缝凹凸度不大于 1.5 mm	10	超标不得分	
		焊脚 $K=\delta+(0\sim3)$ mm，焊脚差不大于 2 mm	10	每种超一处扣 5 分	
		焊缝成形美观，纹理均匀、细密，高低宽窄一致	5	焊缝平整，焊纹不均匀，扣 2 分；外观成形一般，焊缝平直，局部高低、宽窄不一致扣 3 分；焊缝弯曲，高低宽窄明显不得分	
		两板之间夹角 90°±2°	5	超差不得分	
4	宏观金相	根部熔深不小于 0.5 mm	10	根部熔深小于 0.5 mm 时不得分	
		气孔或夹渣最大尺寸不大于 1.5 mm	10	尺寸不大于 1.5 mm，每处扣 3 分；尺寸大于 1.5 mm 不得分	
		无裂纹	10	发现裂纹不得分	

续表

序号	考核项目	考核要点	配分	评分标准	得分
5	其他	安全文明生产	5	设备、工具复位，试件、场地清理干净，有一处不符合要求扣1分	
6	定额	操作时间		超时停止操作	
合计			100	得分	
否定项：焊缝表面存在裂纹、未熔合及烧穿缺陷；焊接操作时任意更改试件焊接位置；焊缝原始表面被破坏；焊接时间超出定额					

六、任务拓展

问题1：平角焊时，如何根据焊脚大小选用单层焊、多层焊或多层多道焊？

问题2：不等厚板的平角焊如何操作？

任务6 T形接头立角焊

一、任务目标

知识要求：

（1）掌握立角焊的基本知识，熟悉立角焊基本应用范围；

（2）掌握立角焊的工艺特点及焊接工艺参数选用；

（3）了解立角焊工件的质量检测。

技能要求：

（1）掌握焊条电弧焊立角焊单层焊的焊接操作方法；

（2）能正确选用立角焊的工艺参数。

二、任务导入

在焊接工程应用中，立角焊多用于梁、柱、架及船的球鼻、龙骨的角接和T形接头立焊缝的焊接结构件，如桥梁、大型高压线柱和各种桁架等。本次的焊接任务工件图如图2-8-1所示，要求能准确识读图样，并按照图样的技术要求完成工件制作，掌握立角焊的基本操作技能。

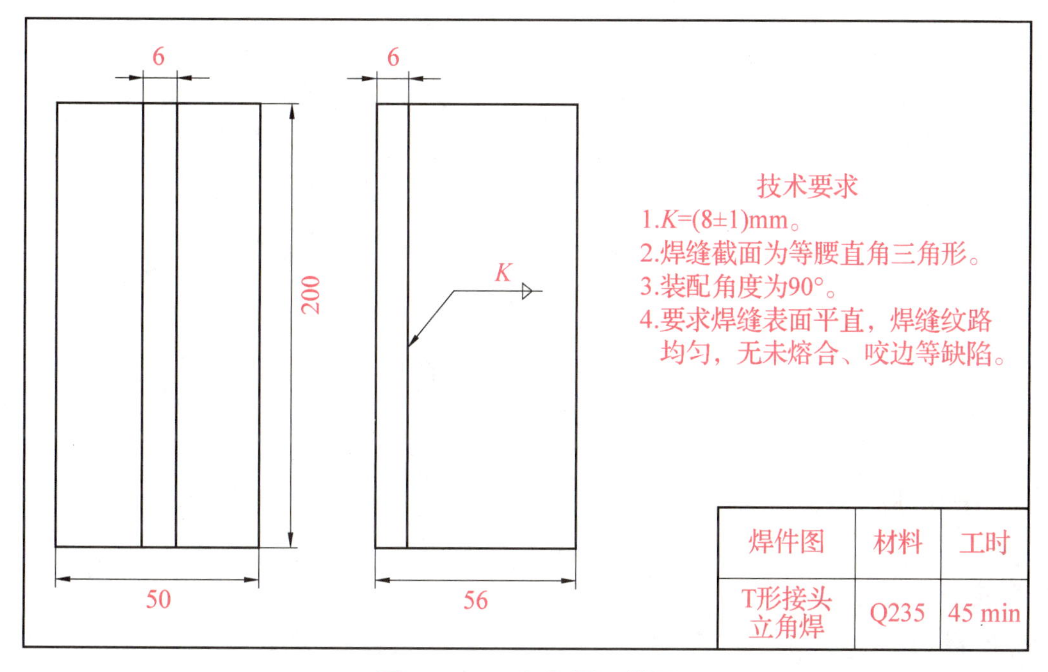

图 2-8-1 立角焊工件图

三、任务分析

(1) 立角焊主要是指T形接头、搭接接头和角接接头的立焊。焊接时，焊缝根部（角顶）易出现未焊透现象，焊缝两旁易出现咬边，焊缝中间则易出现夹渣等焊接缺陷。

(2) 由于在重力的作用下，熔滴和熔池中的熔化金属会下淌，造成焊缝成形困难，影响焊接质量，因此立角焊时选用的焊条直径和焊接电流均小于平焊时的数值，并应采用短弧焊。如果焊接时的焊条角度不正确，焊缝两侧停顿时间过短，则在焊件的板面上容易产生咬边缺陷。若熔池温度控制不当，如温度过高，则熔池下边缘轮廓就会逐渐凸起变圆，甚至会产生焊瘤等焊接缺陷。

(3) 立角焊与对接立焊的操作技术有很多相似之处，如用小直径焊条短弧操作，操作姿势和握焊钳手法基本相似。

(4) 立角焊有由上向下施焊和由下向上施焊两种方法。

对薄板对接或间隙较大的焊件，可采取由上向下施焊。这种焊法熔深浅，薄板不易烧穿。对于间隙大的焊件，可使熔化金属将间隙填满，有利于填充层和盖面层的焊缝成形。

除上面所说的情况之外，大都采取由下向上施焊。

(5) 运条方法的选择。

应根据板厚和对焊脚尺寸的要求，选用适当的运条方法。对于焊脚尺寸较小的焊缝，可采用挑弧运条法；对于焊脚尺寸较大的焊缝，可采用月牙形、锯齿形、三角形等运条方法，如图 2-8-2 所示。焊条的摆动宽度应小于所要求的焊脚尺寸，如当要求焊出焊脚尺寸为 8 mm 的焊缝时，焊条的摆动范围应在 6 mm 以内，否则焊缝两侧将不均匀。

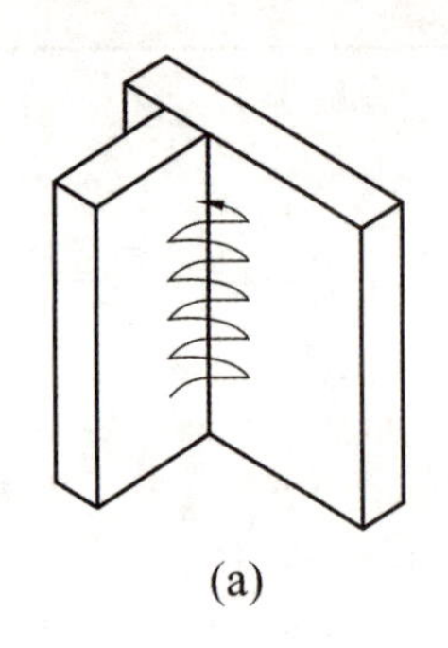

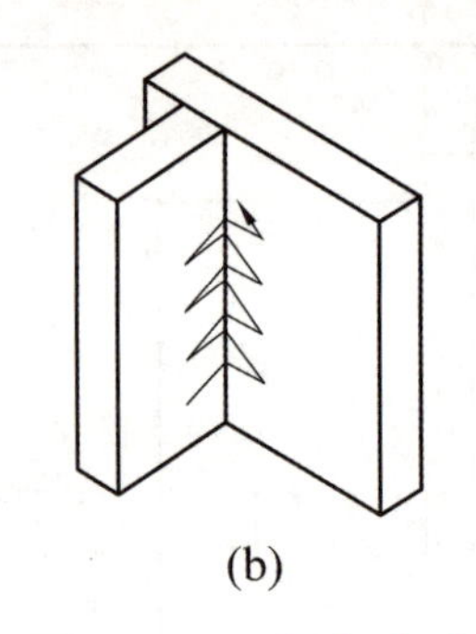

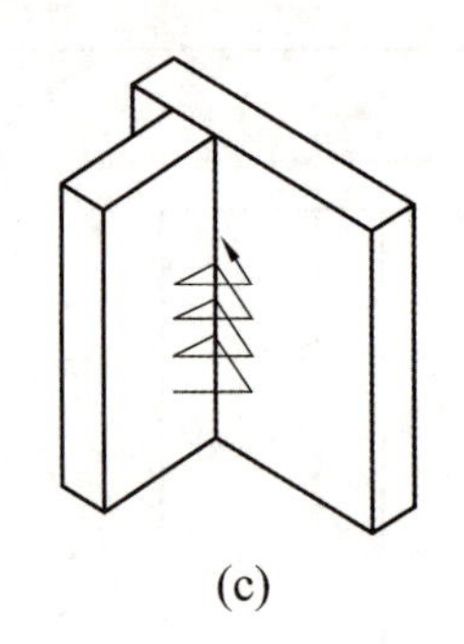

(a) (b) (c)

图 2-8-2 运条方法

（a）月牙形；（b）锯齿形；（c）三角形

四、任务实施

1. 焊前准备

（1）焊件材料：Q235。

（2）焊件尺寸及数量：200 mm×50 mm×6 mm，2 块。

（3）焊接要求：焊缝截面为等腰直角三角形。

（4）焊接材料：酸性焊条 E4303（J422），碱性 E4315（J427）或 E5015（J507）。酸性焊条须经过 100 ℃~150 ℃烘焙 1~2 h，碱性焊条须经过 350 ℃~400 ℃烘焙 1~2 h，烘干好的焊条放在保温筒内，随用随取。

（5）弧焊电源（焊机）：可选用 BX1-315 型（交流焊机）、ZX7-315 型（直流焊机）或 WSM-400 型（氩弧焊、电焊两用）焊机。

（6）按照安全操作要求，穿戴劳保用品，准备焊接辅助工具。辅助工具有：金属直尺、游标卡尺、焊接检测尺、钢丝刷、活扳手、手钳、螺钉旋具、手锯、焊条保温桶、风镜、敲渣锤、角磨机、手电筒等。

2. 试件装配

1）焊前清理

打磨焊件表面待焊接部位两侧、边缘各 20 mm 范围内的油、污、锈、垢，使之露出金属光泽。

2）装配间隙

参照施工图，划出装配定位线，并按照装配定位线将试件装配成 T 形接头，装配间隙为 0~2 mm。

3）定位焊

在对称位置进行定位焊，焊缝长度为 10~15 mm，两定位焊之间距离 10~20 cm。保证立板和底板相互垂直。

3. 焊接工艺参数选择

T 形接头立角焊焊接工艺参数如表 2-8-1 所示。

表 2-8-1　T 形接头立角焊焊接工艺参数

焊接层次	焊条直径/mm	焊接电流/A	焊接电压/V
第一道	3.2	120～140	22～24

1）焊机极性选择

（1）交流焊机：焊钳与地线（搭铁），可以互换。

（2）直流焊机：直流反接，焊钳接焊机输出端正极，地线（搭铁）接焊机输出端负极。

（3）氩弧焊、电焊两用焊机：选择焊机电焊功能，并选择直流反接。

2）焊接电流

此次任务实际操作中，采用单层焊，电流为 110 A，直流反接。

3）电弧电压

电弧电压采用 22～24 V，采用短弧焊（弧长不超过焊条直径）。

4. 单层焊焊接操作过程

（1）焊条与两板间夹角为 45°，与焊接方向的夹角为 40°左右。

（2）引弧与其他焊接类似，在焊缝前端引弧，然后拉到起焊点进行预热，压低电弧，采用断弧法进行焊接。

（3）采用三角形运条法焊接时，在三角形的顶端引燃电弧，引燃电弧后迅速左右摆动，使两边熔池与母材熔合，然后回到起弧点进行收弧。然后进行下一个步骤，下一个熔池压住上一个熔池 2/3 左右。如此反复进行，注意断弧要果断。

（4）单层焊焊接注意事项。

①采用直流焊机时，会因为焊接电流的通电电磁力影响，形成电弧磁偏吹，可采用短弧并适当调整焊条角度，减少磁偏吹对电弧稳定性及焊缝成形。

②焊接时应注意观察熔池，两边稍作停留，以免产生咬边。

③焊接时速度要均匀，不能忽快忽慢，防止熔池下坠 。

④焊条往左右两边摆动的幅度要一致，以保证两焊脚的距离相等。

⑤收尾时注意填满弧坑，动作要快，注意观察熔池温度。

⑥焊缝直线度小于 2 mm，焊缝表面凹凸度小于 2 mm。

五、任务评价

1. 焊接综合评价

（1）焊机极性选择正确。

（2）焊接工艺参数选用得当。

（3）操作姿势正确，引弧顺利。

（4）焊道与焊缝层次之间熔合良好，成形美观。

（5）安全操作规范到位。

2. 焊接评分标准

T 形接头立角焊评分标准如表 2-8-2 所示。

表 2-8-2　T 形接头立角焊评分标准

序号	考核项目	考核要点	配分	评分标准	得分
1	焊前准备	劳保着装及工具准备齐全，并符合要求，参数设置、设备调试正确	5	劳保着装及工具准备不符合要求，参数设置、设备调试不正确有一项扣 1 分	
2	焊接操作	试件固定的空间位置符合要求	10	试件固定的空间位置超出规定范围不得分	
3	焊缝外观	焊缝表面不允许有焊瘤、气孔、夹渣	10	出现任何一种缺陷不得分	
		焊缝咬边深度不大于 0.5 mm，两侧咬边总长不超过焊缝有效长度的 15%	10	焊缝咬边深度不大于 0.5 mm，累计长度每 5 mm 扣 1 分，累计长度超过焊缝有效长度的 15% 不得分；咬边深度大于 0.5 mm 不得分	
		焊缝凹凸度不大于 1.5 mm	10	超标不得分	
		焊脚 $K=\delta+(0\sim3)$ mm，焊脚差不大于 2 mm	10	每种超一处扣 5 分	
		焊缝成形美观，纹理均匀、细密，高低宽窄一致	5	焊缝平整，焊纹不均匀，扣 2 分；外观成形一般，焊缝平直，局部高低、宽窄不一致扣 3 分；焊缝弯曲，高低宽窄明显不得分	
		两板之间夹角 90°±2°	5	超差不得分	
4	宏观金相	根部熔深不小于 0.5 mm	10	根部熔深小于 0.5 mm 时不得分	
		气孔或夹渣最大尺寸不大于 1.5 mm	10	尺寸不大于 1.5 mm，每处扣 3 分；尺寸大于 1.5 mm 不得分	
		无裂纹	10	发现裂纹不得分	
5	其他	安全文明生产	5	设备、工具复位，试件、场地清理干净，有一处不符合要求扣 1 分	
6	定额	操作时间		超时停止操作	
合计			100	总得分	
否定项：焊缝表面存在裂纹、未熔合及烧穿缺陷；焊接操作时任意更改试件焊接位置；焊缝原始表面被破坏；焊接时间超出定额					

六、任务拓展

问题 1：立角焊时如何选择立焊方向？

问题 2：立角焊参数选择不当时可能产生哪些缺陷？

任务 7　大直径管对接垂直固定焊

一、任务目标

知识要求：

（1）掌握焊条电弧焊 V 形坡口大直径管对接垂直固定焊的焊前准备工作和试件装配；

（2）能合理选用焊条电弧焊 V 形坡口大直径管对接垂直固定焊焊接工艺参数；

（3）了解 V 形坡口大直径管对接垂直固定焊工件的质量检测知识。

技能要求：

掌握 V 形坡口大直径管对接垂直固定焊多层多道焊的操作方法及注意事项。

二、任务导入

在生产实践中，管对接垂直固定单面焊双面成形多用于锅炉、换热器或大口径管道垂直固定环焊缝的焊接生产和维修，这种焊接方式可以实现在垂直固定的管道外面施焊，而管道内部也能形成焊缝。本次焊接任务的工件图如图 2-9-1 所示，要求读懂工件图样，并按照图样的技术要求完成工件制作，掌握大直径管对接垂直固定焊的基本操作技能。

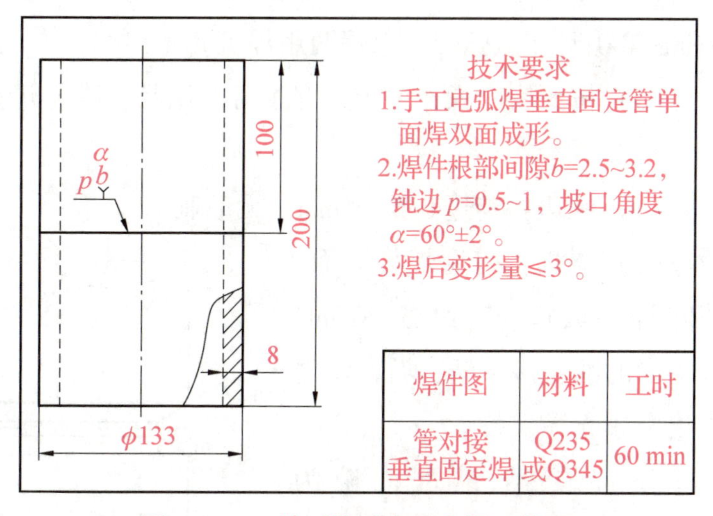

图 2-9-1　管对接垂直固定焊工件图

三、任务分析

工件两段管端部开 60°V 形坡口板对接并垂直固定，要用焊条电弧焊完成单面焊双面成形的环形焊缝。焊接位置为横焊，但与板对接横焊不同，在管对接垂直固定焊缝的焊接过程中，要不断地沿着管子圆周调整焊条角度。焊接时应注意以下问题。

（1）管垂直固定焊缝焊接运条时，焊条角度要随管子圆周位置而变，手腕转动得不灵活会使电弧过长，电弧电压过大，在盖面焊缝上边缘容易产生咬边缺陷。

（2）当焊接电流过小时，熔渣与熔池混淆不清，熔渣来不及浮出，如果运条速度快慢不均，则在焊缝下边缘处容易产生熔合不良或夹渣缺陷。

（3）当焊接电流过大时，若运条速度过慢或动作不协调，则在焊缝下边缘处容易出现下坠的焊瘤。

管垂直固定焊单面焊双面成形时，液态金属受重力影响，容易形成焊瘤或下坡口边缘熔合不良，坡口上侧咬边等缺陷。因此，焊接过程中应始终保持较短的焊接电弧、较少的送进量和较快的间断熄弧频率，并应有效地控制熔池形状、大小和温度，以防止液态金属下淌。注意：焊条角度应随着环形焊缝的周向变化而变化，以获得令人满意的焊缝成形。

四、任务实施

1. 焊前准备

（1）试件材料：Q235 或 Q345（16Mn）。

（2）试件尺寸及数量：ϕ133 mm×100 mm×8 mm，2 件，60°±2°V 形坡口。

（3）焊接材料：酸性焊条 E4303（J422），碱性焊条 E4315（J427）或 E5015（J507）。酸性焊条须经过 100 ℃～150 ℃烘焙 1～2 h，碱性焊条须经过 350 ℃～400 ℃烘焙 1～2 h，烘干好的焊条放在保温筒内，随用随取。

（4）弧焊电源（焊机）：可选用 BX1-315 型（交流焊机）、ZXE1-315 型（直流焊机）或 WSM-400 型（氩弧焊、电焊两用焊机）。

（5）按照安全操作要求，穿戴劳保用品，准备焊接辅助工具。

2. 试件装配

（1）钝边：钝边 0.5～1 mm，无毛刺。

（2）清理：打磨焊件表面，清除焊件坡口、边缘各 20 mm 范围内的油、污、锈、垢，使之露出金属光泽。

（3）装配：装配间隙为 2.5～3.2 mm；错边量≤0.8 mm。

（4）定位焊：定位焊点焊三处，如图 2-9-2 所示。焊缝长度为 10～15 mm，要求焊透，不得有气孔、夹渣、未焊透等缺陷。定位焊的焊点两端要修磨成斜坡，以利于接头熔合良好。

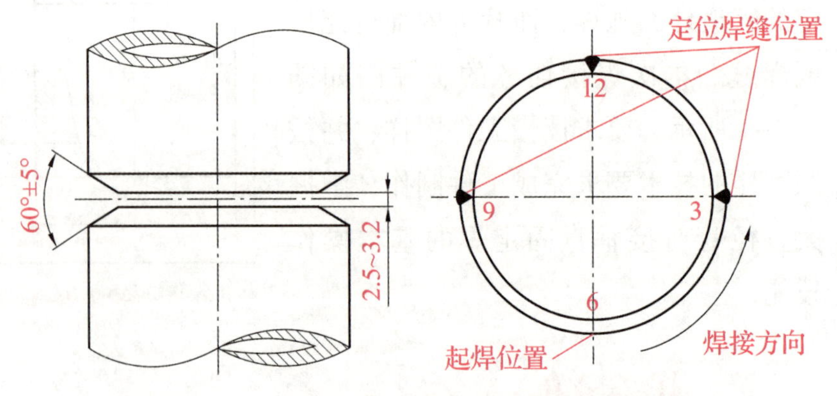

图 2-9-2 V 形坡口大直径管定位焊及起焊位置

（5）试件位置：检查试件装配符合要求后，将管状试件在要求的位置垂直固定。

3. 焊接工艺参数选择

管对接垂直固定焊焊接工艺参数如表 2-9-1 所示。

表 2-9-1　管对接垂直固定焊焊接工艺参数

焊接层次	焊条直径/mm	焊接电流/A	焊接电压/V
打底焊（1）	3.2	90~110	22~24
填充焊（2、3）	3.2	100~120	22~26
盖面焊（4、5、6）	3.2	105~115	22~26

4. 操作要点

1）打底焊（第 1 道焊缝）

打层焊采用间断灭弧击穿法，焊条角度如图 2-9-3 所示。

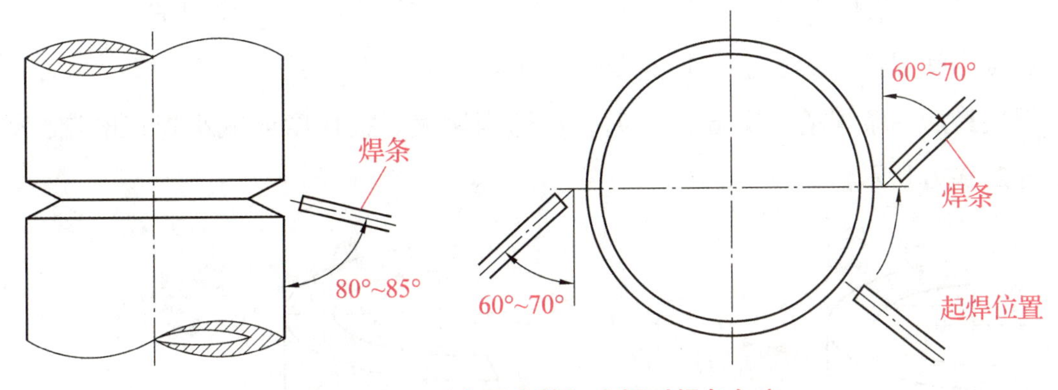

图 2-9-3　垂直固定管打底焊时焊条角度

（1）引弧：在两定位焊缝中部坡口面上引弧，长弧预热坡口，待其两侧接近熔化温度时压低电弧。

待发出击穿声并形成熔池后，马上灭弧（向后下方挑动以灭弧），使熔池降温。待熔池由亮变暗时，在熔池的前沿重新引燃电弧，压低电弧，由上坡口焊至下坡口，使上坡口钝边熔化 1~1.5 mm，下坡口钝边熔化略小，并形成熔孔，如图 2-9-4 所示。然后灭弧，又引弧焊接，如此反复地进行灭弧击穿焊接。

施焊时把握 3 个要领：看熔池、听声音、落弧准。

①看熔池：观看熔池温度适宜，熔渣与熔池分明，熔池形状一致，熔孔大小均匀。

②听声音：听清电弧击穿坡口根部的“噗噗”声，表示已经形成焊透熔孔。

③落弧准：落弧的位置在熔池的前沿，始终保持准确，每次接弧时焊条中心对准熔池前部的 1/3 处，使新熔池覆盖前一个熔池 2/3 左右。弧柱击穿后透过背面 1/3。

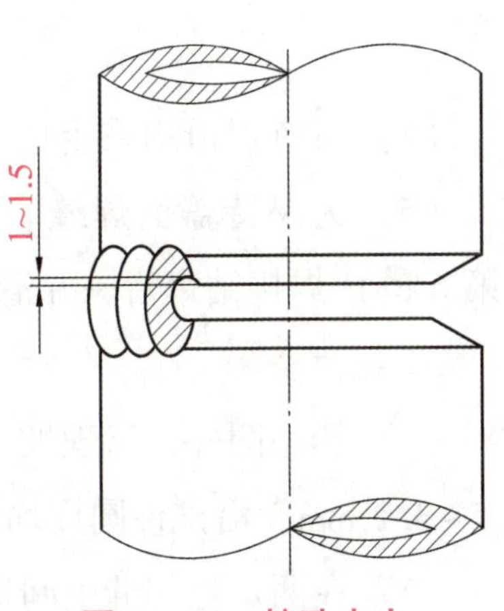

图 2-9-4　熔孔大小

（2）打底层的接头：当焊条运到定位焊缝根部或焊到封闭

接头时，不能灭弧，而是电弧向内压，向前顶，听到“噗噗”击穿声后，稍停 1~2 s，焊条略微摆动填满弧坑后拉向一侧灭弧。

2）填充焊（第 2、3 道焊缝）

采用多层焊或多层多道焊。多层焊应用斜锯齿形运条法运条，生产率高，但操作难度大。一般采用多层多道焊，由下向上一道道排焊，并运用直线形运条法，焊接电流比打底焊略大一些，使焊道间充分熔合，上焊道覆盖下焊道 1/2~2/3 为宜，以防止焊层过高或形成沟槽，如图 2-9-5 所示。焊接速度要均匀，焊条角度随焊道弧度改变而变化，下部倾角要大，上部倾角要小。填充层焊至最后一层时，不要把坡口边缘盖住（要留出少许），中间部位稍凸出，为得到凸形的盖面焊缝做准备。

3）盖面焊（第 4、5、6 道焊缝）

（1）先焊接下边的焊道（第 4 道），焊接时，电弧应对准下坡边缘并前后往复摆动运条，焊速要快，使熔池下沿熔合坡口下棱边（≤1.5 mm），覆盖填充上一层焊道。

（2）焊接中间焊道（第 5 道）焊速要慢，使盖面层呈凸形。

（3）焊接最后一条焊道（第 6 道）时，应适当增大焊接速度或减小焊接电流，焊条倾角要小，如图 2-9-6 所示。

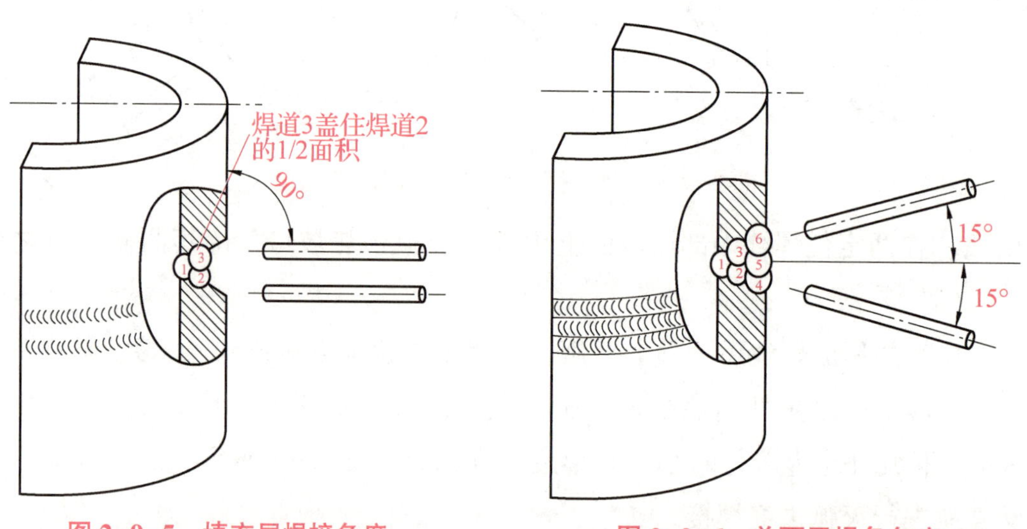

图 2-9-5　填充层焊接角度　　图 2-9-6　盖面层焊条角度

（4）所有焊道均采用短弧焊，以防止咬边，并确保整个焊缝外表宽窄一致，均匀平整。

（5）为保持盖面焊缝表面的金属光泽，各焊道焊缝焊完后不要清渣，待最后一条焊道（第 6 道）焊接结束后一并清除。

5. 技术要领

（1）熟悉图样，清理坡口表面并修磨钝边 0.5~1 mm。按要求进行装配，定位焊间隙为 2.5~3.2 mm，沿试件圆周均布点焊 3 处。定位焊端部修磨成斜坡。

（2）在两定位焊缝中间选定起焊处，用灭弧击穿法进行打底焊。

（3）在打底焊清理熔渣及飞溅物之后，进行填充焊和盖面焊，采用直线形运条法，焊道间重叠 1/2~2/3。

（4）焊接过程中，管不允许转动，必须是操作者围绕着管移动身体，并随时控制焊条的弧长和角度，保持电弧的稳定及好的焊缝成形。

（5）采用直流焊机施焊时，会由于大的电流通过焊条和工件形成的回路，而形成电弧偏吹，影响焊缝成形。所以，要根据熔池的形状和电弧偏吹状态，通过改变接地线位置或减小焊接电流及改变焊条角度，以减弱磁偏吹的影响，保持电弧的稳定及好的焊缝成形。

五、任务评价

1. 焊接综合评价

（1）焊机极性选择正确。

（2）焊接工艺参数选用得当。

（3）操作姿势正确，引弧顺利。

（4）焊道与焊缝层次之间熔合良好，成形美观。

（5）安全操作规范到位。

2. 焊接评分标准

V 形坡口大直径管垂直固定焊评分标准如表 2-9-2 所示。

表 2-9-2　V 形坡口大直径管垂直固定焊评分标准

序号	考核项目	考核要求	配分	评分标准	得分
1	焊缝外观质量	表面无裂纹	5	有裂纹不得分	
2		无烧穿	5	有烧穿不得分	
3		无焊瘤	8	每处焊瘤扣 0.5 分	
4		无气孔	5	每个气孔扣 0.5 分，直径大于 1.5 mm 不得分	
5		无咬边	7	深度大于 0.5 mm，累计长 15 mm，扣 1 分	
6		无夹渣	7	每处夹渣扣 0.5 分	
7		无未熔合	7	未熔合累计长 10 mm，扣 1 分	
8		焊缝起头、接头、收尾无缺陷	8	起头收尾过高，接头脱节每处扣 1 分	
9		焊缝宽度不均匀不大于 3 mm	7	焊缝宽度变化大于 3 mm，累计长 30 mm，不得分	
10		焊件上非焊道处不得有引弧痕迹	5	有引弧痕迹不得分	

续表

序号	考核项目	考核要求	配分	评分标准	得分
11	焊缝内部质量	焊缝内部无气孔、夹渣、未熔透、裂纹	10	Ⅰ级片不扣分，Ⅱ级片扣 5 分，Ⅲ级片扣 8 分，Ⅳ级片扣 10 分	
12	焊缝外形尺寸	焊缝宽度比坡口每侧增宽 0~2.5 mm，宽度差不大于 3 mm	8	每超差 1 mm，长度累计 20 mm，扣 1 分	
13		焊缝余高差不大于 2 mm	8	每超差 1 mm，累计 20 mm，扣 1 分	
14	安全生产	违章从得分中扣分	10		
15	总分		100	总得分	
考试计时：自　　时　　分至　　时　　分止					

六、任务拓展

问题 1：什么是电弧磁偏吹，如何克服？

问题 2：V 形坡口大直径管垂直固定焊有哪些操作要点？

模块三

CO_2 气体保护电弧焊

 前情提要 

CO_2 气体保护电弧焊（简称 CO_2焊）是以 CO_2 为保护气体的熔化极电弧焊焊接方法（有时采用 CO_2+Ar 的混合气体，简称 MAG 焊）。与手工电弧焊、埋弧电动焊等电弧焊比较，其特点如下。

（1）生产效率高：由于 CO_2 焊的电流密度大，电弧热量利用率较高，焊后不需清渣，因此比手工电弧焊生产率高。

（2）成本低：CO_2 气体价格便宜，且电能消耗少，降低了成本。

（3）焊接变形小：CO_2 焊电弧热量集中，焊件受热面积小，故变形小。

（4）焊接质量好：CO_2 焊的焊缝含氢量少，抗裂性好，焊缝机械性能好。

（5）操作简便：焊接时可观察到电弧和熔池情况，不易焊偏，适宜全位置焊接，易掌握。

（6）适应能力强：CO_2 焊常用于碳钢及低合金钢，可进行全位置焊接。除用于焊接结构外，还可用于修理和磨损零件的堆焊，目前已成为黑色金属材料最重要的焊接方法之一。

（7）缺点：如采用大电流焊接时，焊缝表面成形不如埋弧焊，飞溅较多；不能焊接易氧化的有色金属；也不宜在野外或有风的地方施焊。

学习目标 

（1）了解 CO_2焊原理。

（2）了解 CO_2焊的焊接设备、焊接材料、焊接工艺和冶金特性。

（3）掌握 CO_2焊 V 形坡口板对接焊件不同位置的焊接方法。

（4）掌握 CO_2焊板对接单面焊双面成形及预置反变形的方法。

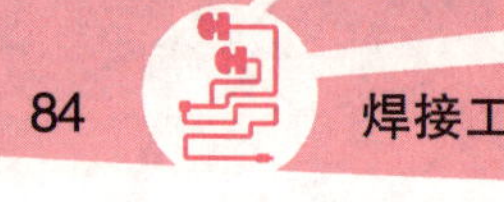

知识单元 1 CO_2 焊原理

一、CO_2 焊的实质

CO_2焊原理如图 3-1-1 所示，这种方法以 CO_2气体作为保护介质，使电弧及熔池与周围空气隔离，防止空气中氧、氮、氢对熔滴和熔池金属的有害作用，从而获得优良的机械保护性能。

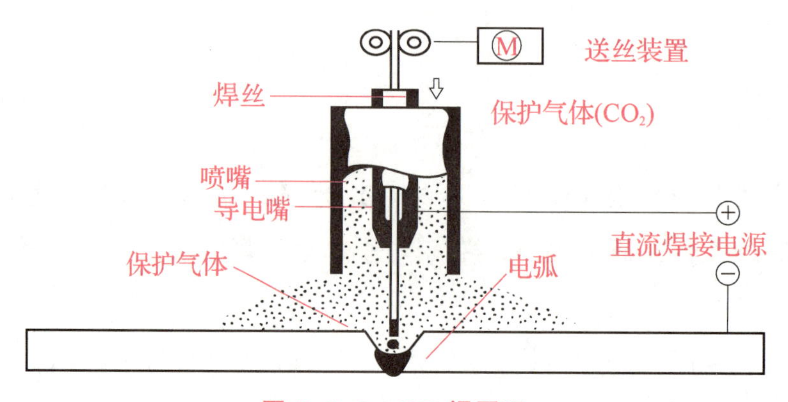

图 3-1-1 CO_2焊原理

CO_2 焊按使用焊丝直径不同分为细丝 CO_2焊（其焊丝直径小于 1.6 mm）、粗丝 CO_2焊（其焊丝直径大于或等于 1.6 mm）。由于细丝 CO_2焊的工艺比较成熟，因此应用最为广泛。

CO_2 焊按操作方法不同可分为自动 CO_2焊和半自动 CO_2焊，如图 3-1-2 所示。它们的区别在于半自动 CO_2焊是手工操作完成热源的移动，而送丝、送气等与自动 CO_2 焊一样，由相应的机械装置来完成。半自动 CO_2焊机动灵活，适用于各种焊缝的焊接；自动 CO_2 焊适用于较长的直焊缝和环形焊缝等。本书主要介绍半自动 CO_2焊。

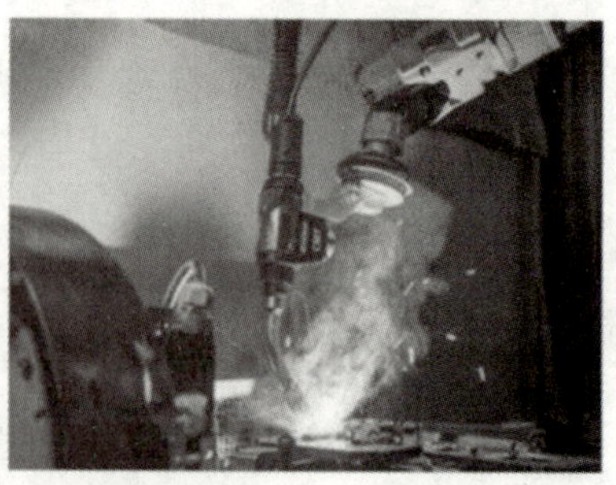

图 3-1-2 CO_2焊

（a）半自动 CO_2焊；（b）自动 CO_2焊

二、CO_2 焊的特点

1. 优点

（1）焊接生产效率高。由于焊接电流密度较大，电弧热量利用率较高，以及焊后不需要清渣，因此提高了生产效率。CO_2焊的生产效率比普通的焊条电弧焊高 2~4 倍。

（2）焊接成本低。CO_2气体来源广，价格便宜，电能消耗少，所以焊接成本低，仅为埋弧自动焊的 40%，为焊条电弧焊的 37%~42%。

（3）焊接变形小。由于电弧加热集中，工件受热面积小，同时 CO_2气流有较强的冷却作用，所以焊接变形小，特别适用于薄板焊接。

（4）焊缝质量好。对铁锈敏感性小，焊缝含氢量少，抗裂性好。

（5）适用范围广。可实现全位置焊接，并且对于薄板、中厚板甚至厚板都能焊接。

（6）操作简便。焊接时可以观察到电弧和熔池的情况，故操作容易掌握，不易焊偏，有利于实现机械化和自动化焊接。

2. 缺点

（1）飞溅率大，并且焊缝表面成形较差。

（2）弧光较强，特别是大电流焊接时，电弧的光热辐射均较强。CO_2 焊弧光强度及紫外线强度分别为手工电弧焊的 2~3 倍和 20~40 倍，而且操作环境中 CO_2的含量较大，对工人的健康不利。

（3）很难用交流电源进行焊接，焊接设备比较复杂，需要专业队伍进行维修。

（4）抗风能力差，不能焊接容易氧化的有色金属。

CO_2焊的缺点可以通过提高技术水平和改进焊接材料、焊接设备加以解决，而其优点却是其他焊接方法所不能比的。因此，可以认为 CO_2焊是一种高效率低成本的节能焊接方法。

三、CO_2 焊的应用

CO_2焊主要用于焊接低碳钢及低合金钢等黑色金属，还可以用于耐磨零件的堆焊、铸钢件的补焊以及电铆焊等方面。因此，CO_2焊在汽车制造、化工机械、农业机械、矿山机械等行业中得到广泛应用。

四、CO_2 焊焊接工艺参数

CO_2焊焊接工艺参数包括焊丝直径、焊接电压、焊接电流、焊接速度、焊丝干伸长度、气体流量等。

1. 焊丝直径

焊丝直径以焊件厚度以及焊缝宽度为依据进行选择，随着焊件厚度及焊缝宽度的增加焊丝直径增加。

2. 焊接电压

焊接电压即电弧电压，其作用是提供焊接能量，进而调节熔池宽度和余高高度。焊接电压越高，焊接能量越大，焊丝熔化速度就越快，焊接电流也就越大。焊接电压等于焊机输出电压减去焊接回路的损耗电压，可用下列公式表示：

$$U_{焊接}=U_{输出}-U_{损}$$

焊接电压的设定根据焊接条件选定相应板厚的焊接电流，然后根据下列公式计算焊接电压：

焊接电流小于 300 A 时，$U_{焊接}$ =（0.04 倍焊接电流 + 16 + 1.5）V

焊接电流大于 300 A 时，$U_{焊接}$ =（0.04 倍焊接电流 + 20 + 2）V

例如，选定焊接电流 200 A，则焊接电压计算如下：

$U_{焊接}$ =（0.04×200+16±1.5）V

=（8+16±1.5）V=（24±1.5）V

又如，选定焊接电流 400 A，则焊接电压计算如下：

$U_{焊接}$ =（0.04×400+20±2）V

=（16+20±2）V=（36±2）V

焊接电压的选择非常重要。焊接电压偏高时，弧长变长，飞溅颗粒变大，易产生气孔，焊道变宽，熔深和余高变小。焊接电压偏低时，焊丝插向母材，飞溅，焊道变窄，熔深和余高大。

3. 焊接电流

焊接电流对熔深、焊丝熔化速度及工作效率影响最大。焊接电流与焊丝熔化速度的关系如图 3-1-3 所示，当焊接电流逐渐增大时，熔深、熔宽和余高都相应地增加。

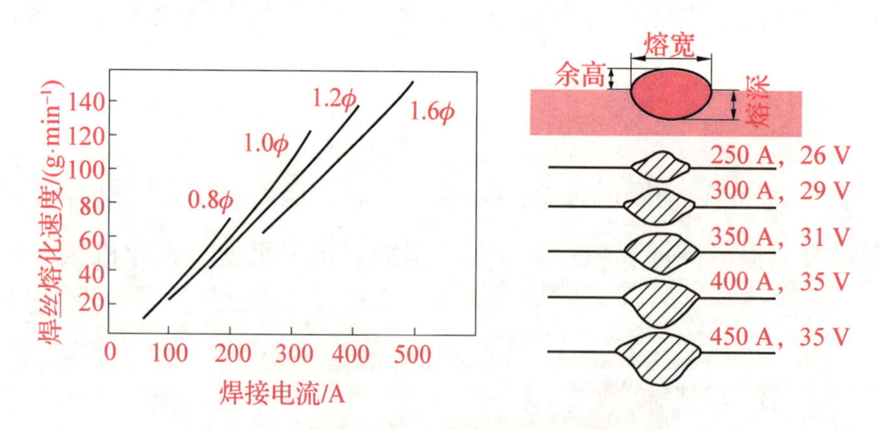

图 3-1-3 焊接电流与焊丝熔化速度的关系

注：ϕ 是指焊丝直径

电弧长度的稳定是由送丝速度和熔化速度共同决定的，调节 CO_2 焊机的电流实际上是在调整送丝速度，焊接电压控制焊丝的熔化速度，因此根据焊接条件（板厚、焊接位置、焊接速度、材质等参数）选定的相应焊接电流必须与焊接电压相匹配，即一定要保证送丝速度与

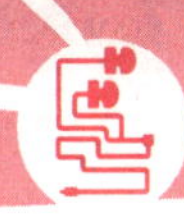

焊接电压对焊丝的熔化能力一致，以保证电弧长度的稳定。

焊接电压与电流相匹配的粗调范围如表 3-1-1 所示。

表 3-1-1　焊接电压与电流相匹配的粗调范围

板厚/mm	焊接电流/A	焊接电压/V
0.8~2.3	60~150	17~20
2.3~6	100~200	19~23
6~10	200~350	23~35
>10	350~500	32~42

4. 焊接速度

在焊接电流和焊接电压一定的情况下，焊接速度应保证单位时间内给焊缝足够的热量 Q，即

$$Q=I^2Rt$$

式中：I——焊接电流；

R——电弧及干伸长度的等效电阻；

t——焊接时间。

半自动 CO_2 焊的焊接速度为 30~60 cm/min，自动 CO_2 焊的焊接速度可达 250 cm/min 以上。焊接速度越快，焊缝宽度越细，余高略微降低；焊接速度越慢，焊缝宽度越宽，余高略微增加。所以，要根据对焊缝制定的工艺要求，选择合适的焊接速度。

5. 焊丝干伸长度

干伸长度是指焊丝从导电嘴到工件的距离，如图 3-1-4 所示。

焊接过程中，保持焊丝干伸长度不变是保证焊接过程稳定的重要因素之一，故干伸长度要求很严格。

干伸长度过长时，气体保护效果不好，易产生气孔，引弧性能差，电弧不稳，飞溅加大，熔深变浅，成形变差。

干伸长度过短时，看不清电弧，喷嘴易被飞溅物堵塞，飞溅大，熔深变深，焊丝易与导电嘴黏连。

焊接电流一定时，干伸长度的增加，会使焊丝熔化速度增加，但电弧电压下降，使焊接电流降低，电弧热量减少。一般情况下，焊丝干伸长度为焊丝直径的10倍。

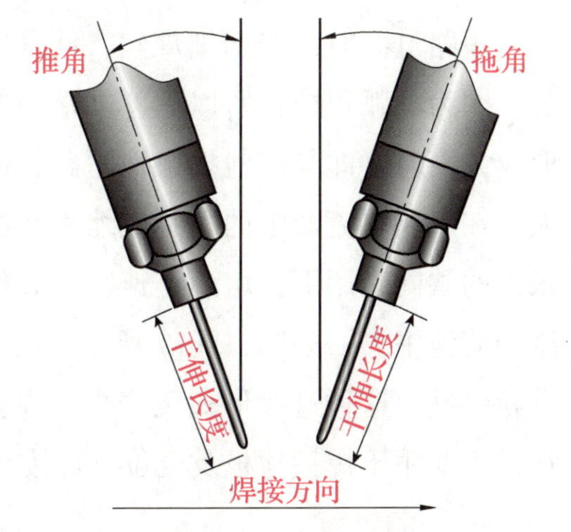

图 3-1-4　干伸长度

6. 气体流量

CO_2气体流量的大小，应根据焊接电压、焊接电流、焊接速度等因素来选择。通常，细丝

CO_2焊时气体流量为 5~15 L/min，粗丝 CO_2焊时气体流量为 15~25 L/min。

7. 极性

极性包括反极性和正极性。反极性特点：电弧稳定，焊接过程平稳，飞溅小。正极性特点：熔深较浅，余高较大，飞溅很大，成形不好，焊丝熔化速度快（约为反极性的 1.6 倍），只在堆焊时才采用。CO_2焊一般都采用直流反极性。

五、CO_2 焊的熔滴过渡

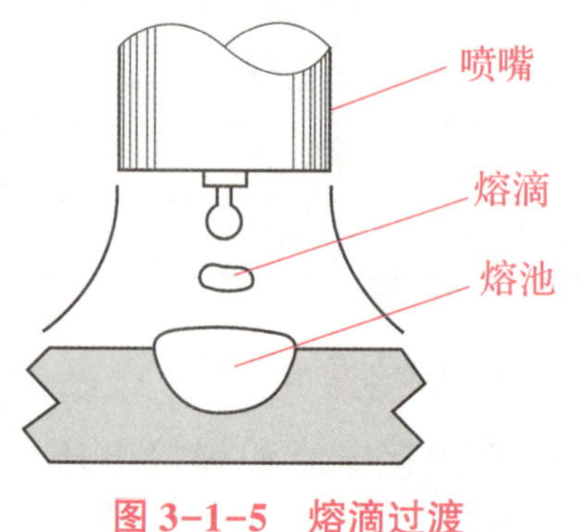

图 3-1-5　熔滴过渡

熔滴过渡是指在电弧热作用下，焊丝或焊条端部的金属熔化形成熔滴，受到各种力的作用从焊丝端部脱离并过渡到熔池的全过程，如图 3-1-5 所示。

CO_2焊中，熔滴过渡通常有两种形式，即短路过渡和细滴过渡。短路过渡焊接在我国应用最为广泛。图 3-1-6 为实拍的熔滴过渡过程。

图 3-1-6　熔滴过渡过程

1. 短路过渡

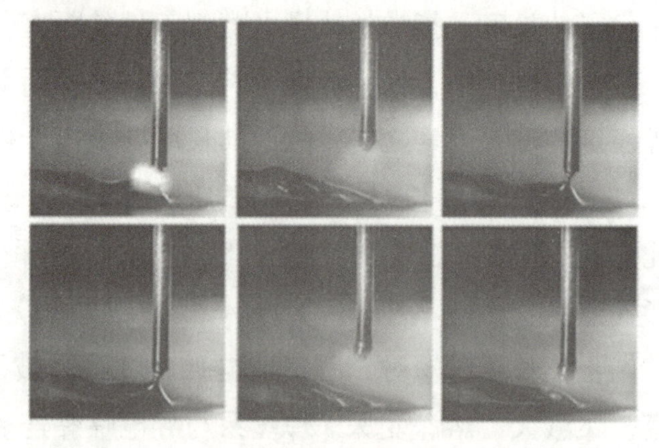
图 3-1-7　短路过渡

短路过渡时，采用细焊丝、低电压和小电流。因为电弧很短，所以焊丝末端的熔滴还未形成大滴时，即与熔池接触而短路，使电弧熄灭，在短路电流产生的电磁收缩力及熔池表面张力的共同作用下，熔滴迅速脱离焊丝末端过渡到熔池中去，如图 3-1-7 所示。然后，电弧重新引燃。这种过渡形式飞溅小，焊缝成形美观，主要用于焊接薄板及全位置焊接。

2. 细滴过渡

细滴过渡的特点是电弧电压比较高，焊接电流比较大，电弧是持续的，不发生短路熄弧现象；焊丝熔焊金属以细滴形式进行过渡，电弧穿透力强，母材熔深大；适用于中等厚板及大厚度焊件的焊接。

知识单元 2 CO_2 焊的冶金特性

一、合金元素的氧化与脱氧

CO_2气体在电弧高温作用下分解，反应方程式如下：

$$CO_2 \rightleftharpoons CO + O$$

通过上面的反应方程式可以看到：在电弧空间同时存在 CO_2、CO 和 O 这 3 种成分。CO 在焊接条件下不溶解于金属也不与金属发生作用，它对焊接质量危害不大。但 CO_2和 O 却能与 Fe 和其他金属发生氧化反应，反应主要发生在电弧的高温区，即电弧空间和接近电弧的焊接熔池中。

氧化反应的结果是使 Fe、Si、Mn 和 C 等合金元素烧损、产生气孔和飞溅，它们都与 CO_2 电弧的氧化性有关，因此必须在冶金上采取脱氧措施予以解决。冶金上通常采取的措施是在焊丝中（或药芯焊丝的药粉中）加入足量的对氧亲和力比 Fe 大的合金元素（脱氧剂），利用这些元素使 FeO 中的 Fe 还原，即使 FeO 脱氧。脱氧剂在完成脱氧任务之后，所剩余的量便作为补充合金元素留在焊缝中，起着提高焊缝金属力学性能的作用。

实践证明，焊接低碳钢和低合金高强度钢时，采用硅锰钢焊丝（如 H08Mn2SiA 焊丝）脱氧效果最好。

二、CO_2 焊气孔

CO_2焊时，熔池表面没有熔渣覆盖，CO_2气流又有冷却作用，因而熔池凝固比较快，容易在焊缝中产生气孔，可能产生的气孔包括 N_2 气孔、H_2 气孔和 CO 气孔。每种气孔的成因、特征和预防措施如下。

1. N_2 气孔

成因：保护不好，熔池溶解了 N_2。

特征：主要在焊缝表面，呈蜂窝状或弥散性的微孔。

防护措施：保证保护气层稳定可靠。

2. H_2 气孔

成因：空气的 H_2；工件表面的铁锈、油污和水分。

特征：分布在焊缝表面，呈喇叭状，内壁光滑。

防护措施：严格清理工件表面的铁锈、油污、水分；提高 CO_2的纯度。

3. CO 气孔

与前者不同，系反应性气孔。反应方程式如下：

$$FeO + C \rightleftharpoons Fe + CO\uparrow$$

成因：在金属结晶的过程中生成 CO；焊丝脱氧剂不足，含 C 量过多。

特征：分布在焊缝内部，沿结晶方向分布，呈条虫状，表面光滑。

防护措施：选用含 C 量低，有足够脱氧剂的焊丝。

三、CO_2 焊飞溅的危害及产生原因

CO_2焊飞溅的危害如下：

（1）降低焊接熔敷效率，降低焊接生产效率；

（2）飞溅物易黏附在焊件和喷嘴上，影响焊接质量；

（3）焊接熔池不稳定，导致焊缝外形粗糙等缺陷。

产生飞溅的原因主要包括：

（1）熔滴过渡时，高温下生成的 CO 气体，从熔滴中急剧膨胀逸出造成飞溅；

（2）熔滴在极点的压力作用下，形成飞溅；

（3）短路时，短路电流增长太大，熔滴过热而引起飞溅；

（4）焊接的工艺规范不标准产生飞溅气体爆炸，主要是由于焊接电流、电弧电压等工艺参数选择不当造成的。

知识单元 3 CO_2 焊材料

CO_2焊用到的焊接材料包括 CO_2气体和焊丝。

1. CO_2气体

性质：无色，无味，无毒。

作用：隔离空气并作为电弧的介质。

纯度：纯度要求大于 99.5%，含水量小于 0.05%。

提纯：静置 30 min 后倒置放水，正置放杂气，重复两次。

存储：瓶装液态，每瓶内可装入 25～30 kg 液态 CO_2。CO_2气瓶如图 3-3-1所示。

图 3-3-1 CO_2气瓶

加热：气化过程中大量吸收热量，因此流量计必须加热。

容量：每 kg 液态 CO_2 可释放 509 L 气体，一瓶液态 CO_2 可释放 15 000 L左右气体，可使用 10～16 h。

2. 焊丝

CO_2焊的焊丝既是填充金属又是电极，所以既要保证一定的化学成分和力学性能，又要保证具有良好的导电性和工艺性能。

（1）脱氧剂：焊丝必须含有一定数量的脱氧剂，以防止产生气孔，减少飞溅并提高焊缝金属的力学性能。

（2）焊丝的 C、S、P 含量要低：要求 w（C）<0.11%，这对于避免气孔及减少飞溅是很重要的。对于一般焊丝，要求硫及磷含量 w（S，P）≤0.04%；对于高性能的优质 CO_2焊丝，则要求硫及磷含量 w（S，P）≤0.03%。

（3）镀铜：为防锈及提高导电性，焊丝表面最好镀铜。但镀铜焊丝的含铜量不能太大，否则会形成低熔共晶体，影响焊缝金属的抗裂能力。要求镀铜焊丝的 w（Cu）≤0.5%。

3. 焊丝牌号

焊丝牌号是以国家相关标准制定的，以实心焊丝为例，其牌号编制方法如图 3-3-2 所示。具体的含义如下。

（1）以字母“H”表示焊丝。

（2）在“H”后面的两位（碳钢、低合金钢含量为万分率）或一位（不锈钢含量为千分率）数字表示含碳量的平均数。

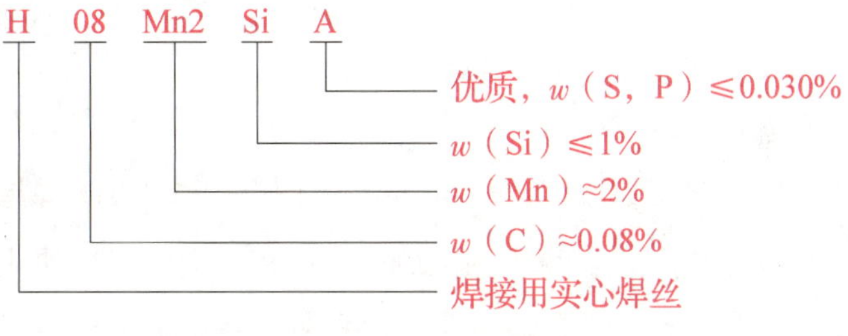

图 3-3-2　焊丝牌号

（3）后面的化学符号及其后面的数字表示该元素大致含量的百分含量数值，当其含量小于或等于 1%时，该元素符号后面的数字可以省略。

（4）焊丝牌号尾部有“A”或“E”时，分别表示该焊丝为“高级优质”或“特高级优质”，后者比前者的 S、P 等有害杂质含量更低。

目前，我国 CO_2焊用的主要焊丝品种是 H08Mn2Si 类型，这类焊丝采取 Si、Mn 联合脱氧，具有很好的抗气孔能力。Si 和 Mn 元素也起合金化的作用，使焊缝金属具有较高的力学性能。此外，焊丝的 w（C）限制在 0.11%以下，有利于减少焊接时的飞溅。

知识单元 4　CO_2 焊的设备

一、CO_2 焊焊接系统组成

CO_2焊焊接系统组成如图 3-4-1 所示。

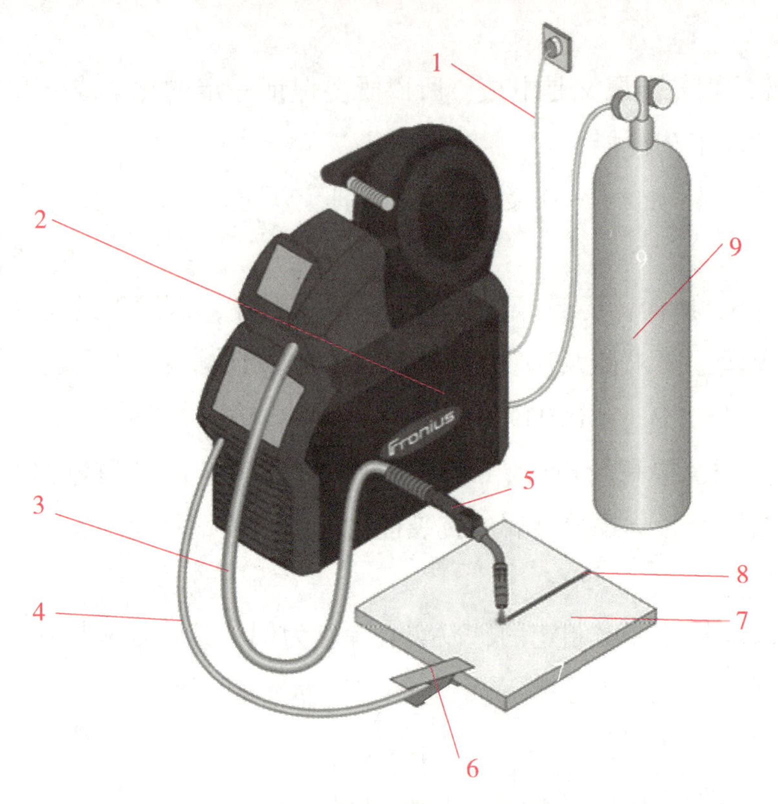

图 3-4-1　CO_2焊焊接系统组成

1—电源线；2—焊接电源；3—焊枪线缆；4—地线；5—焊枪
6—地线夹；7—工件；8—填充金属；9—保护气体

二、CO_2 焊焊机型号代码

参考 GB/T 10249—2010，CO_2焊焊机型号代码如图 3-4-2 所示。例如，NBC5-300 的含义是：半自动脉冲 CO_2焊机，额定电流 300 A。

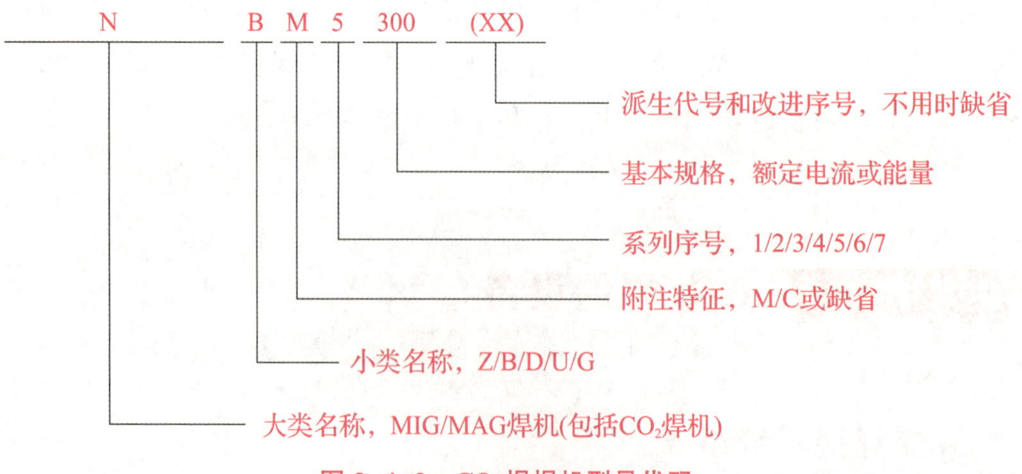

图 3-4-2　CO_2焊焊机型号代码

三、CO_2 焊电源

CO_2焊电源包括直流电源、脉冲电源等，如图 3-4-3 所示。

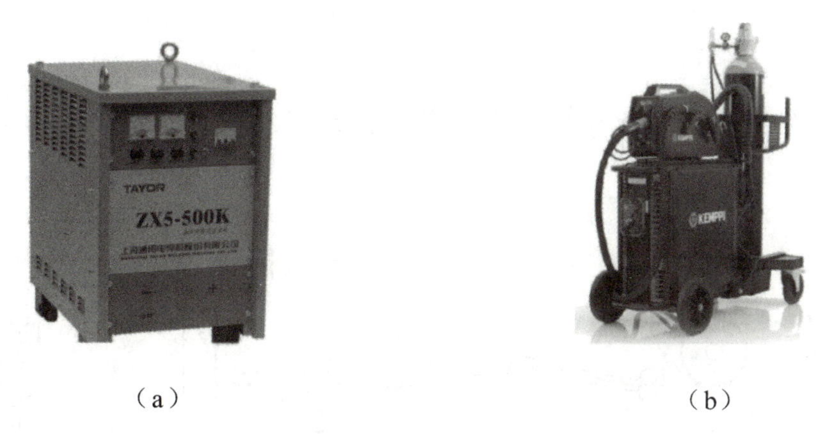

（a）　　（b）

图 3-4-3　CO_2焊电源

（a）直流电源；（b）脉冲电源

四、CO_2 焊焊枪

CO_2 焊焊枪的作用是导电、导丝、导气。焊枪按结构可分为鹅颈式焊枪和手枪式焊枪。鹅颈式焊枪如图 3-4-4 所示，手枪式焊枪如图 3-4-5 所示。

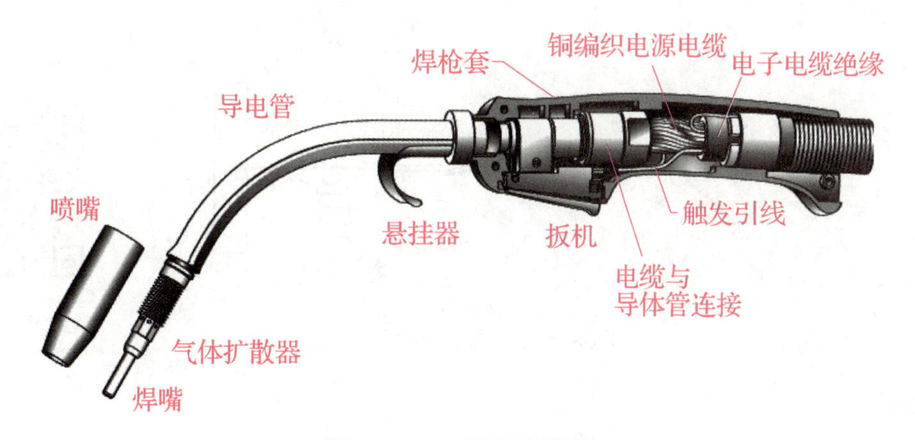

图 3-4-4　鹅颈式焊枪

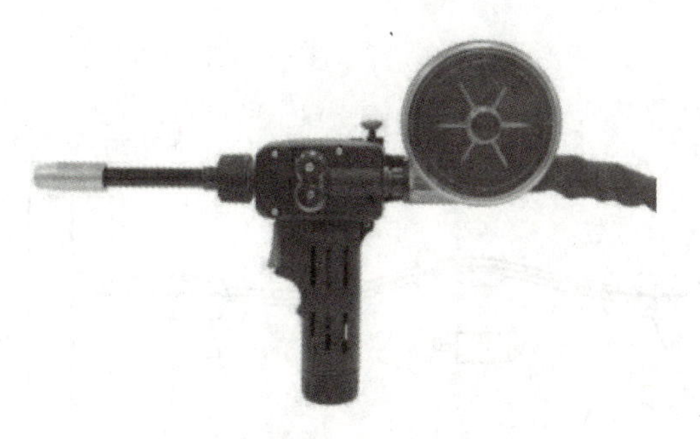

图 3-4-5　手枪式焊枪

五、送丝机

送丝机是将焊丝送入焊枪的装置，其送丝方式有推丝式、推拉丝式、双重推丝式和焊丝盘内藏式4种。

1. 推丝式

推丝式是在焊丝盘侧安装送丝轮，通过送丝管将焊丝送出到焊枪的方式，如图3-4-6所示。

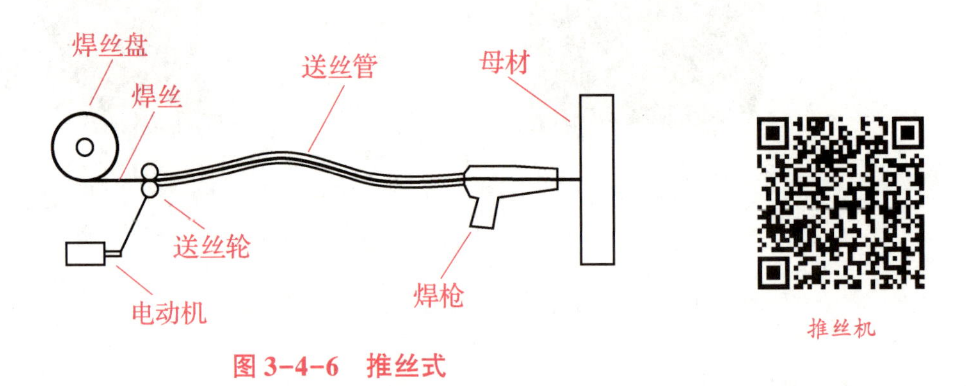

图3-4-6　推丝式

2. 推拉丝式

推拉丝式在推丝式的基础上，在焊枪内安装拉丝电动机帮助将焊丝拉入焊枪的方法，如图3-4-7所示。

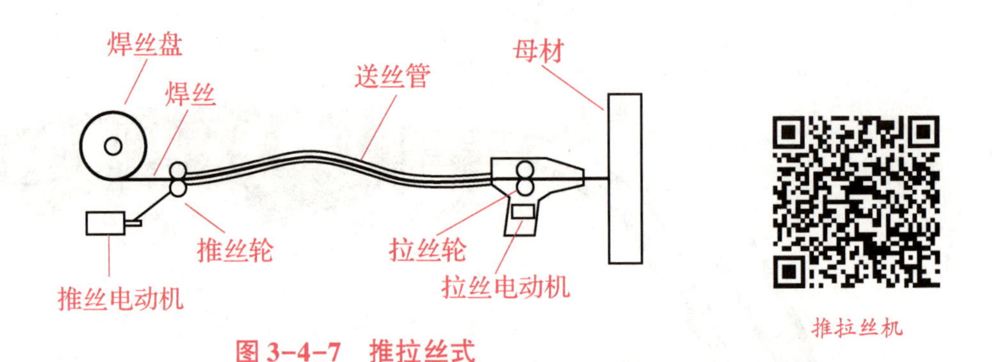

图3-4-7　推拉丝式

3. 双重推丝式

在送丝装置与焊枪之间加入辅助电动机，利用2台电动机将焊丝送入焊枪的方法，如图3-4-8所示。

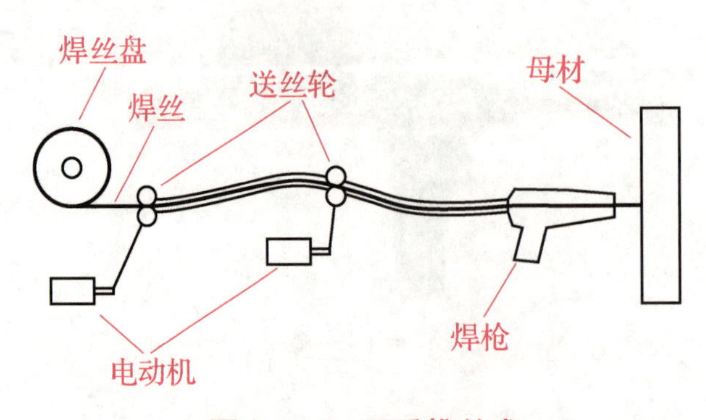

图3-4-8　双重推丝式

送丝装置中带有4个送丝轮（4WD）的送丝装置，如图3-4-9所示。使用了这种送丝装置后，即使是软的铝焊丝也能进行稳定的送丝。

4. 焊丝盘内藏式

为了顺利送丝，将焊枪、送丝、焊丝盘做成一体的焊丝盘内藏式焊枪，如图3-4-10所示。这种送丝方式在使用细丝、软质的铝焊丝时，可以进行稳定送丝。

图3-4-9　送丝装置

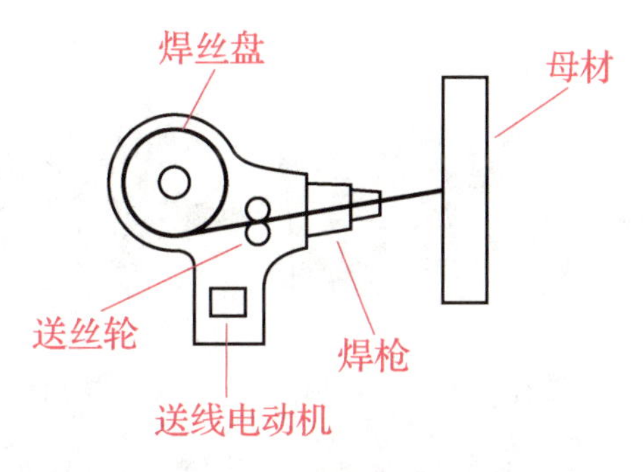

图3-4-10　焊丝盘内藏式焊枪结构

焊丝盘内藏式

六、CO_2焊其他设备

CO_2焊系统中的一些其他设备如图3-4-11所示。

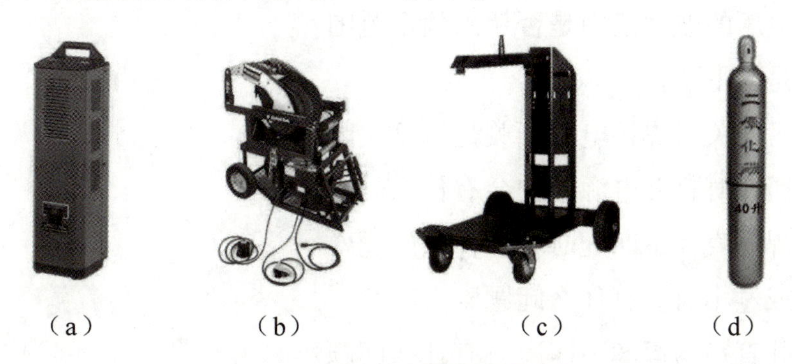

（a）　（b）　（c）　（d）

图3-4-11　CO_2焊其他设备

（a）冷却水箱；（b）送丝机小车；（c）移动车架；（d）保护气瓶及其附属装置

七、CO_2焊焊机安装与操作步骤

1. CO_2焊焊机安装步骤

CO_2焊焊机安装步骤如图3-4-12所示。

2. CO_2焊焊机操作步骤

CO_2焊焊机操作步骤如图3-4-13所示。

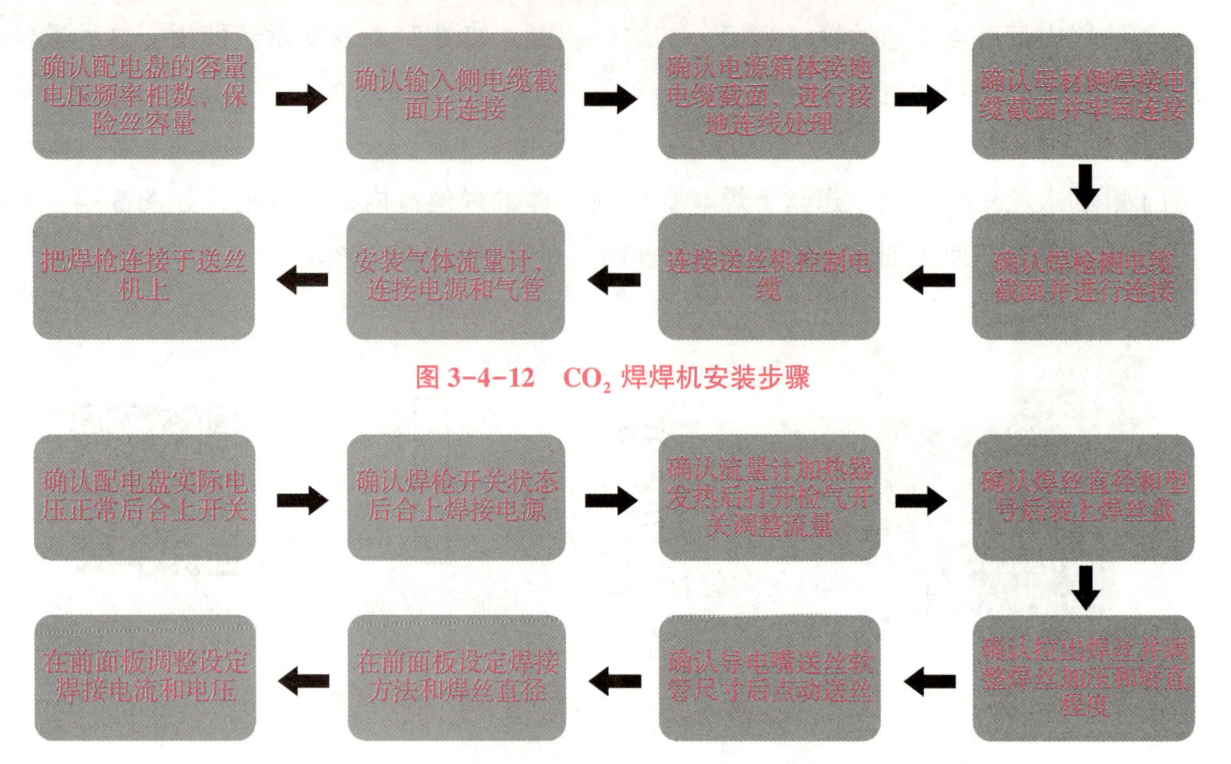

图 3-4-12　CO_2 焊焊机安装步骤

图 3-4-13　CO_2 焊焊机操作步骤

3. 注意事项

焊机安装及操作时需要关注的问题如下。

(1) 实际电网电压的波动范围是否超出额定范围?

(2) 三相电压是否平衡?

(3) 合上配电盘开关时焊接电源开关是否已关闭?

(4) 焊枪开关闭合时打开电源开关会有什么问题?

(5) 送丝轮与焊丝直径不匹配时会有什么问题?

(6) 加压过大或过小时会有什么问题?

(7) 导电嘴内孔直径与焊丝不匹配时有什么问题?

(8) 如何检查焊丝矫直机构的效果?

(9) 什么是电流、电压的个别调整?

(10) 什么是电流、电压的一元化调整?

(11) 为什么需要填弧坑控制?

(12) 填弧坑控制时如何操作焊枪开关?

(13) 稳定短路过渡时的电弧声音是什么样的?

(14) 焊枪高度过高或过低时有什么问题?

(15) 输出电缆过长时会有什么问题?

(16) 输出电缆多圈盘绕时会有什么问题?

(17) 送丝机控制电缆过长时会有什么问题?

(18) 为何要尽量减少焊枪电缆的弯曲程度?

（19）风对焊接的影响。

（20）是否超负荷使用？

八、国内外 CO_2 焊焊机品牌

1. 国内六大 CO_2焊焊机品牌

国内六大 CO_2焊焊机品牌如图 3-4-14 所示。

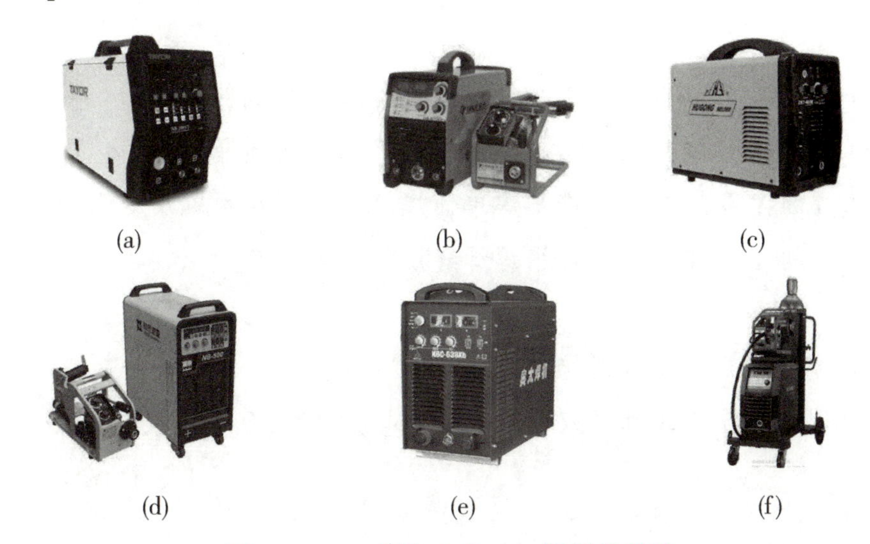

图 3-4-14 国内六大 CO_2焊焊机品牌

（a）通用；（b）佳士；（c）泸工；（d）时代；（e）奥太；（f）麦格米特

2. 国外六大 CO_2焊焊机品牌

国外六大 CO_2焊焊机品牌如图 3-4-15 所示。

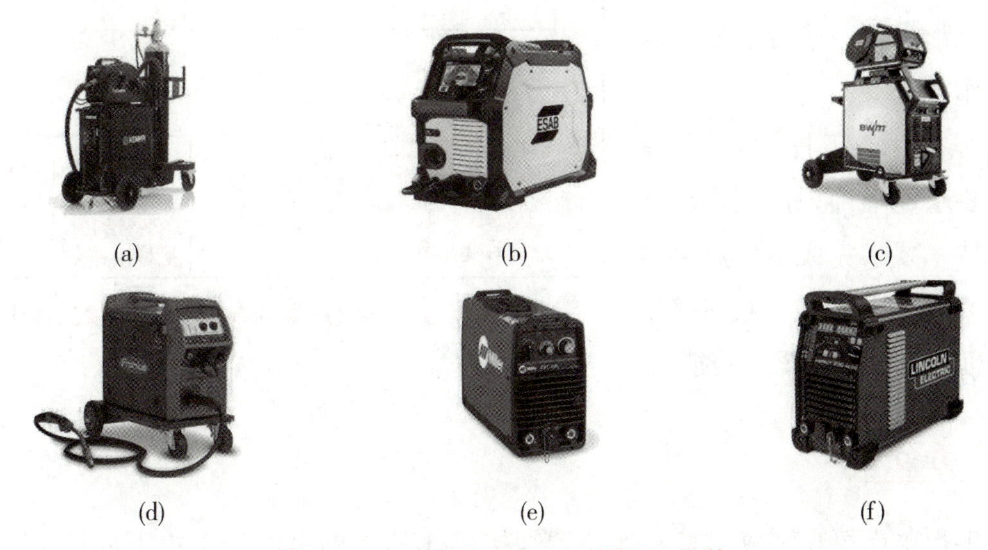

图 3-4-15 国外六大 CO_2焊焊机品牌

（a）肯倍 Kemppi（芬兰）；（b）伊萨 ESAB（瑞典）；（c）伊达 EWM（德国）；
（d）伏能士 Fronius（奥地利）；（e）米勒 Miller（美国）；（f）林肯 Lincoln（美国）

任务1 V形坡口板 CO_2 对接平焊

一、任务目标

知识要求：

（1）掌握 CO_2焊的V形坡口板对接平焊焊前准备工作和试件装配；

（2）掌握 CO_2焊的V形坡口板对接平焊的焊接工艺参数选择及应用；

（3）掌握 CO_2焊的V形坡口板对接平焊单面焊双面成形及预置反变形的方法；

（4）掌握 CO_2焊的V形坡口板对接平焊焊缝质量检测评定知识。

技能要求：

（1）了解 CO_2焊的V形坡口板对接平焊的注意事项；

（2）掌握V形坡口 CO_2焊单面焊双面成形的焊接操作方法。

二、任务导入

CO_2焊的V形坡口板对接平焊单面焊双面成形，是指在坡口背面没有任何辅助措施的条件下，在坡口正面进行焊接，焊后坡口的正、反面都能得到均匀、成形良好、符合质量要求的焊缝的操作方法。

本次的焊接任务工件图如图3-5-1所示，要求能准确识读图样，并按照图样的技术要求完成工件焊接制作，掌握 CO_2 焊的V形坡口板对接平焊单面焊双面成形的基本操作技能。

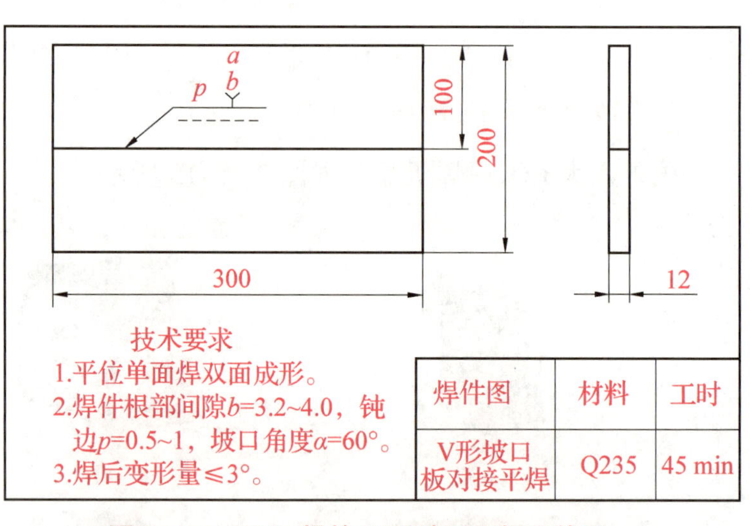

图3-5-1 CO_2 焊的V形坡口平焊工件图

三、任务分析

板对接平焊单面焊双面成形是其他位置焊接操作的基础。由于钢板下部悬空，造成熔池悬空，液体金属在重力和电弧吹力的作用下，极易下坠，若焊接参数选择不合适或操作不当，则打底焊时容易在根部产生焊瘤、烧穿、未焊透等缺陷；因此，焊接过程中要根据装配间隙和熔池的温度变化情况，及时调整焊枪的角度、摆动幅度和焊接速度，控制熔池和熔孔的尺寸，保证正、反两面焊缝成形良好。

四、任务实施

1. 焊前准备

（1）试件材料：Q235 或 Q345（16Mn）。

（2）试件尺寸及数量：300 mm×100 mm×12 mm，2 块；钝边 0.5～1 mm，坡口角度为 60°V 形坡口，如图 3-5-2所示。

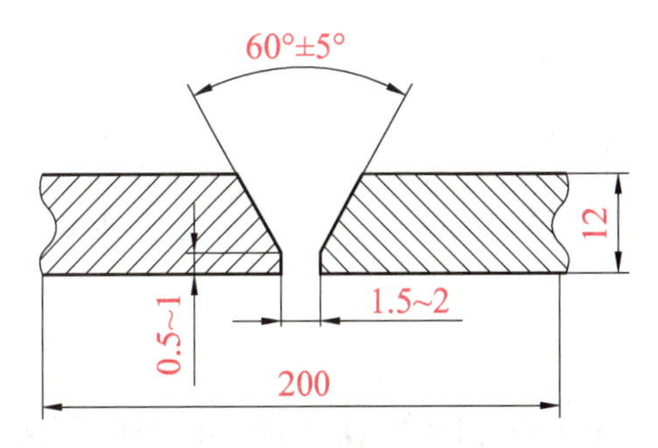

图 3-5-2　V 形坡口板对接试件坡口尺寸

（3）焊接要求：单面焊双面成形。

（4）焊接材料：焊丝型号为 ER50－6，直径为 1.2 mm。

（5）焊机：NBC-300 型，直流反接。

（6）按照安全操作要求，穿戴劳保用品，准备焊接辅助工具。

2. 试件装配

（1）修磨钝边 0.5～1mm，无毛刺。

（2）焊前清理坡口及坡口两侧各 20 mm 范围内的油污、锈蚀、水分及其他污物，直至露出金属光泽。为便于清除飞溅物和防止堵塞喷嘴，可在焊件表面涂上一层飞溅防黏剂，在喷嘴上涂一层喷嘴防堵剂。

（3）装配间隙：始端为 3.2 mm，终端为 4.0 mm；错边量不大于 1.2 mm。

（4）在试件坡口内定位焊，焊缝长度为 10～15 mm，如图 3-5-3 所示。

（5）反变形量：预置反变形量为 3°，如图 3-5-4 所示。

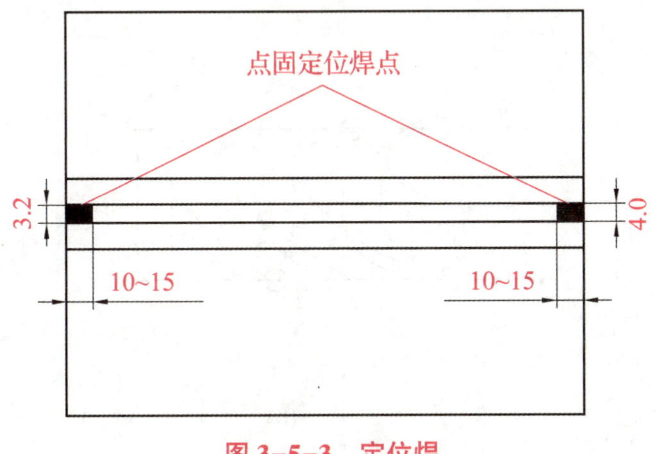

图 3-5-3　定位焊

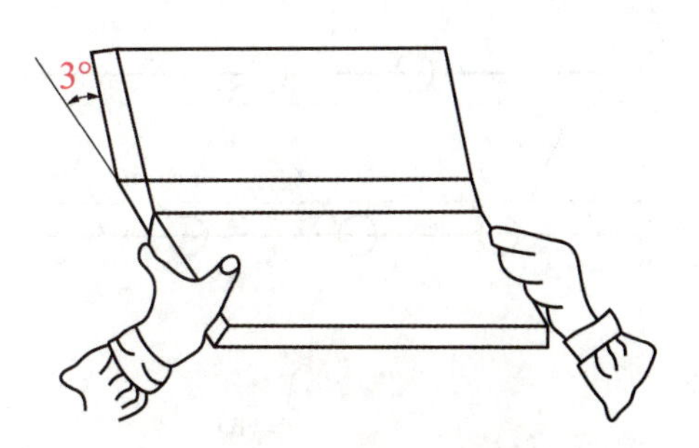

图 3-5-4　预置反变形量

3. 焊接工艺参数

CO_2 焊的 V 形坡口板对接平焊焊接工艺参数如表 3-5-1 所示。

表 3-5-1　CO_2 焊的 V 形坡口板对接平焊焊接工艺参数

焊接层次	焊丝直径/mm	焊接电流/A	焊接电压/V	焊接速度/($m \cdot h^{-1}$)	气体流量/($L \cdot min^{-1}$)
打底焊	1.2	110~130	18~20	20~22	15~20
填充焊		130~150	24~26	22~25	
盖面焊		140~160	25	22~25	

4. 操作要点及注意事项

V 形坡口板对接平焊采用左向焊法，焊接层次为三层三道，焊枪角度如图 3-5-5 所示，焊道分布如图 3-5-6 所示。

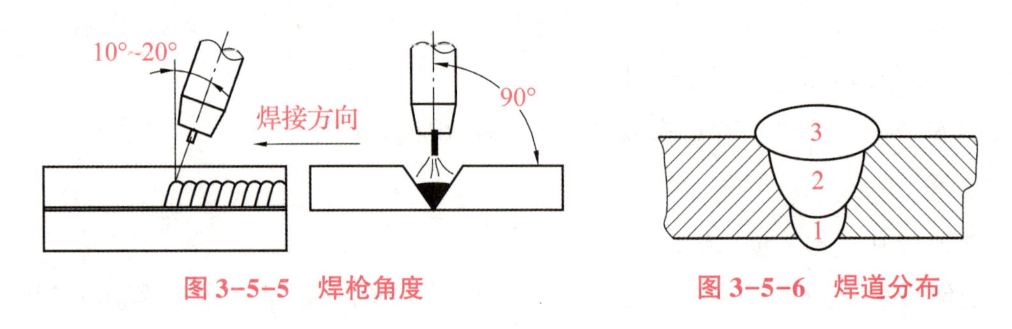

图 3-5-5　焊枪角度　　图 3-5-6　焊道分布

1）打底焊

（1）引弧。将试件始端放于右侧，在离试件端部 20 mm 坡口内的一侧引弧，然后开始向左焊接打底焊道。焊枪沿坡口两侧作小幅度横向摆动，控制电弧在离底边 2~3 mm 处燃烧，并在坡口两侧稍微停留 0.5~1 s。焊接时应根据间隙大小和熔孔直径的变化调整横向摆动幅度和焊接速度，尽可能维持熔孔直径不变，以获得宽窄和高低均匀的背面焊缝，如图 3-5-7 所示，严防烧穿。

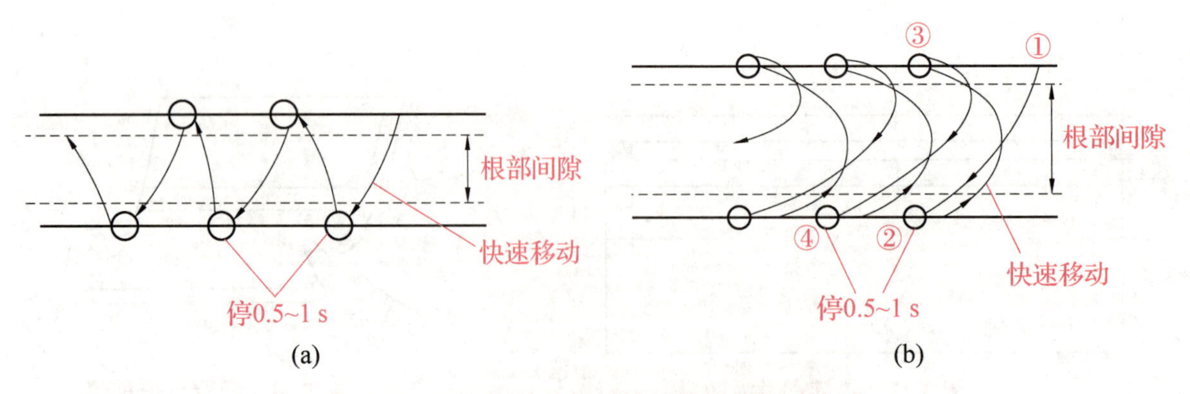

图 3-5-7　V 形坡口板对接平焊焊枪摆动方式

（a）月牙形摆动；（b）倒退式月牙形摆动

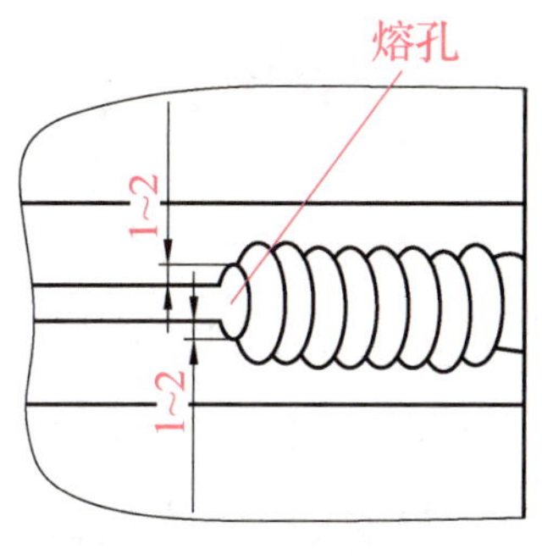

图 3-5-8　平焊时熔孔的控制尺寸

(2) 控制熔孔的大小。熔孔的大小决定背部焊缝的宽度和余高，要求焊接过程中控制熔孔直径始终比间隙大 1~2 mm，如图 3-5-8 所示。

(3) 控制电弧在坡口两侧的停留时间。应保证坡口两侧熔合良好，使打底焊道两侧与坡口结合处稍下凹，焊道表面平整，如图 3-5-9 所示。

(4) 控制喷嘴的高度。电弧必须在离坡口底部 2~3 mm 处燃烧，保证打底层厚度不超过 4 mm。

2) 填充焊

调试填充层焊接工艺参数，从试板右端开始焊填充层，焊枪的横向摆动幅度稍大于打底层焊缝宽度。注意熔池两侧熔合情况，保证焊道表面平整并稍下凹，填充层的高度低于母材表面 1.5~2 mm，焊接时不允许熔化坡口棱边，如图 3-5-10 所示。

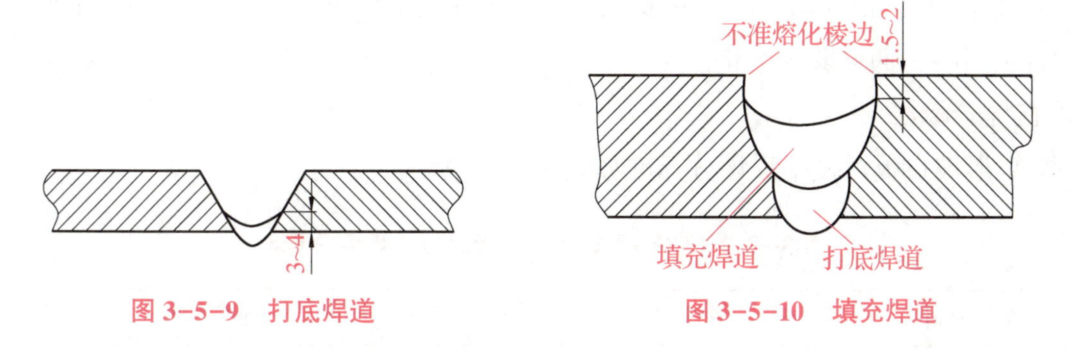

图 3-5-9　打底焊道　　图 3-5-10　填充焊道

3) 盖面焊

调试好盖面层焊接工艺参数后，从右端开始焊接，需注意以下 3 点：

(1) 保持喷嘴高度，焊接熔池边缘应超过坡口棱边 0.5~2.5 mm，并防止咬边；

(2) 焊枪横向摆动幅度应比填充焊时稍大，尽量保持焊接速度均匀，使焊缝外观成形平滑；

(3) 收弧时要填满弧坑，收弧弧长要短，熔池凝固后方能移开焊枪，以免产生弧坑裂纹和气孔。

5. 技术要领

(1) 熟悉图样和操作要点，清理坡口表面，修磨钝边。

(2) 按要求进行试件装配，并预留合适反变形量。

(3) 注意焊接工艺参数表中参数和操作要点，按顺序焊接打底层、填充层和盖面层焊缝，注意层间清渣。

(4) 焊后清理工件飞溅物，检查焊缝质量，分析问题，总结经验。

五、任务评价

1. 焊接综合评价

（1）焊丝规格选择正确，装配定位及预置反变形规范。

（2）焊接工艺参数选用得当。

（3）操作姿势正确，引弧顺利，收弧处无缺陷。

（4）单面焊双面成形技术熟练，反面成形效果好。

（5）安全操作规范到位。

（6）焊缝外观检验合格后，可进行探伤及力学性能检验。

①X 射线检验：X 射线检验参照 JB/T 4730《承压设备无损检测》进行，射线透照质量不低于 AB 级，焊缝缺陷等级不低于Ⅱ级为合格。

②弯曲试验：在焊件横向截取面弯、背弯试样各一件，冷弯角一般为 90°或 180°（根据焊件材质不同而不同），拉伸面上不出现长度大于 3 mm 的裂纹或缺陷，试件的两个弯曲试样实验结果均合格时，弯曲试验为合格。

2. 焊接评分标准

CO_2焊 V 形坡口板对接平焊评分标准如表 3-5-2 所示。

表 3-5-2 CO_2焊 V 形坡口板对接平焊评分标准

序号	考核项目	考核要求	配分	评分标准	得分
1	焊缝外观质量	表面无裂纹	5	有裂纹不得分	
2		无烧穿	5	有烧穿不得分	
3		无焊瘤	8	每处焊瘤扣 0.5 分	
4		无气孔	5	每个气孔扣 0.5 分，直径大于 1.5 mm 不得分	
5		无咬边	7	深度大于 0.5 mm，累计长 15 mm，扣 1 分	
6		无夹渣	7	每处夹渣扣 0.5 分	
7		无未熔合	7	未熔合累计长 10 mm，扣 1 分	
8		焊缝起头、接头、收尾无缺陷	8	起头收尾过高，接头脱节每处扣 1 分	
9		焊缝宽度不均匀不大于 3 mm	7	焊缝宽度变化大于 3 mm，累计长 30 mm，不得分	
10		焊件上非焊道处不得有引弧痕迹	5	有引弧痕迹不得分	

续表

序号	考核项目	考核要求	配分	评分标准	得分
11	焊缝内部质量	焊缝内部无气孔、夹渣、未熔透、裂纹	10	Ⅰ级片不扣分，Ⅱ级片扣5分，Ⅲ级片扣8分，Ⅳ级片扣10分	
12	焊缝外形尺寸	焊缝宽度比坡口每侧增宽0~2.5 mm，宽度差不大于3 mm	8	每超差1 mm，累计20 mm，扣1分	
13		焊缝余高差不大于2 mm	8	每超差1 mm，累计20 mm，扣1分	
14	焊后变形	角变形不大于2°	5	超差不得分	
15	错位	错位量不大于1/10板厚	5	超差不得分	
16	安全生产	违章从得分中扣分	10		
17	总分		100	总得分	
考试计时：自　　时　　分至　　时　　分止					

六、任务拓展

问题1：简述CO_2焊焊接电压对焊接质量的影响。

问题2：焊缝外表面缺陷有哪些？产生缺陷的原因是什么？

任务2 V形坡口板CO_2对接立焊

一、任务目标

知识要求：

（1）掌握CO_2焊的V形坡口板对接立焊焊前准备工作和试件装配；

（2）掌握CO_2焊的V形坡口板对接立焊的焊接工艺参数选择；

（3）掌握CO_2焊的V形坡口板对接立焊焊缝质量检测评定知识。

技能要求：

（1）了解CO_2焊的V形坡口板对接立焊的注意事项；

（2）掌握CO_2焊的V形坡口板对接立焊的焊接操作方法。

二、任务导入

对接立焊时，焊件与焊接接头都与水平面垂直。本次的焊接任务工件图如图 3-6-1 所示，要求能准确识读图样，并按照图样的技术要求完成工件制作，掌握 CO_2 焊的 V 形坡口板对接立焊单面焊双面成形的基本操作技能。

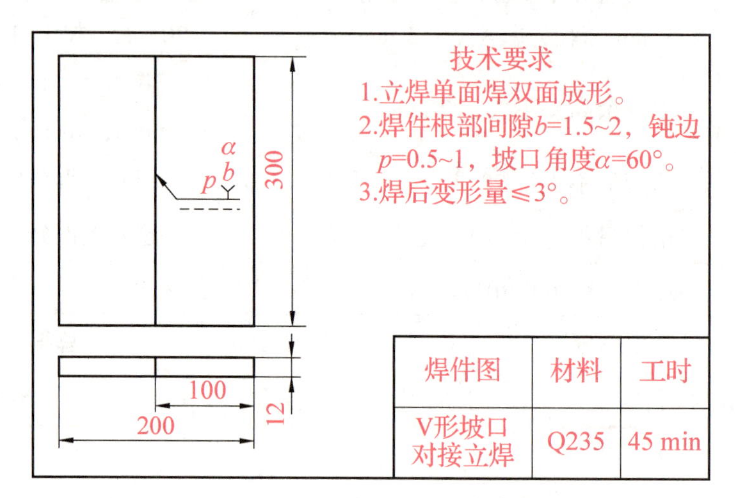

图 3-6-1　CO_2 焊的 V 形坡口立焊工件图

三、任务分析

V 形坡口板对接立焊时，主要难点在于熔化的液态金属受重力作用容易下淌而产生焊瘤，因此焊接时须采用较小的焊接参数。在板对接立焊单面焊双面成形时，熔池下部焊道对熔池起到承托作用，采用细焊丝短路过渡形式，有利于实现单面焊双面成形。但是，焊接电流不宜过大，否则会使液态金属下淌，导致焊缝正面和背面出现焊瘤；焊枪的摆动频率应稍快，焊后焊缝要薄而均匀。

立焊有立向上焊和立向下焊两种焊接方法。一般厚度在 6 mm 以下的薄板可采用立向下焊法，厚板则采用立向上焊法。立向下焊时焊缝外观好，但易出现未熔合、未焊透缺陷，焊枪应尽量避免摆动。立向上焊的熔深大，虽然单道焊时成形不好，焊缝窄而高，但采用适当横向摆动时，可以获得良好的焊缝成形。

四、任务实施

1. 焊前准备

（1）试件材料：Q235 或 Q345（16Mn）。

（2）试件尺寸及数量：300 mm×100 mm×12 mm，2 块；60°V 形坡口，如图 3-6-2 所示。

（3）焊接要求：单面焊双面成形。

（4）焊接材料：焊丝型号为 ER50-6，直径为 1. 2 mm。

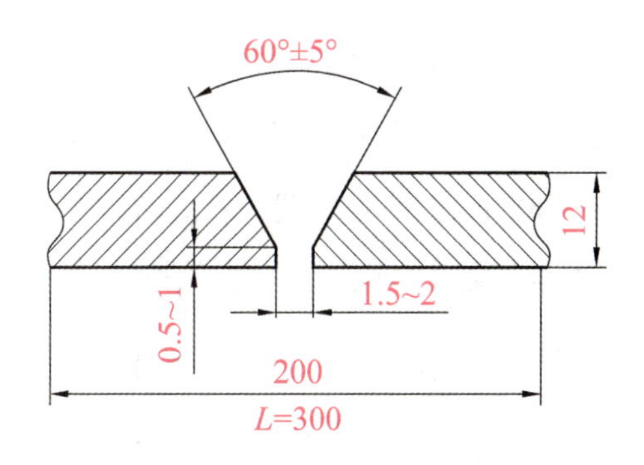

图 3-6-2　V 形坡口板对接试件坡口尺寸

（5）焊机：YD-350ER1 型，直流反接。

（6）按照安全操作要求，穿戴劳保用品，准备焊接辅助工具。

2. 试件装配

（1）修磨钝边 0.5～1 mm，无毛刺。

（2）焊前清理坡口及坡口正反面两侧各 20 mm 范围内的油污、锈蚀、水分及其他污物，直至露出金属光泽。为便于清除飞溅物和防止堵塞喷嘴，可在焊件表面涂上一层飞溅防黏剂，在喷嘴上涂一层喷嘴防堵剂。

（3）装配间隙：始端为 1.5 mm，终端为 2.0 mm；错边量不大于 1.2 mm。

（4）在试件两端坡口进行定位焊，定位焊缝长度为 10～15 mm，并对定位点清理。

（5）预置反变形量为 5°。

3. 焊接工艺参数

CO_2 的 V 形坡口板对接立焊焊接工艺参数如表 3-6-1 所示。

表 3-6-1　CO_2 焊的 V 形坡口板对接立焊焊接工艺参数

焊接层次	焊丝直径/mm	焊接电流/A	焊接电压/V	焊接速度/($m \cdot h^{-1}$)	气体流量/($L \cdot min^{-1}$)
打底焊	1.2	100～110	22	20～22	15～20
填充焊		130～150	22	20～22	
盖面焊		130～140	22～24	20～22	

4. 操作要点及注意事项

1）打底焊

打底层立向下焊时，焊枪向下倾斜，焊枪与前进方向夹角为 70°～90°，如图 3-6-3 所示。向下直线形快速运丝，短弧焊接（间隙大时，焊枪的焊丝端可小幅度横向摆动），保证背面成形良好。

打底层立向上焊时，焊枪向下倾斜 0°～20°，向上采用锯齿或月牙运丝法，从下向上匀速移动，不使熔敷金属下坠，保证背面成形良好。

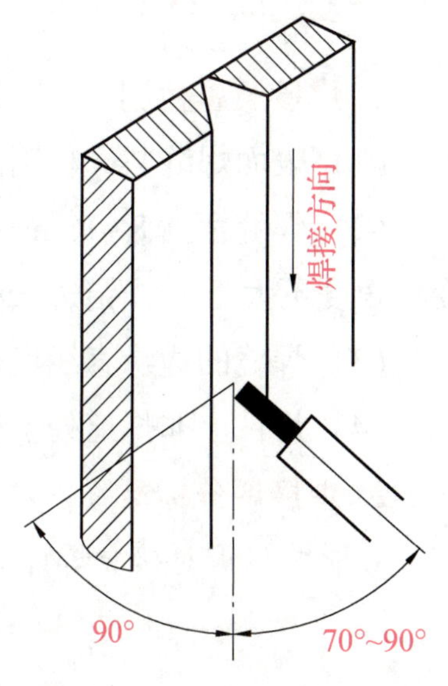

图 3-6-3　打底焊向下立焊

2）填充焊

为保证焊缝有一定熔深，采用立向上焊。操作时，焊枪角度如图 3-6-4 所示，焊丝向下倾斜 0°～10°。焊丝采用横向摆动运丝法，焊枪作小幅度摆动，在均匀摆动的情况下，快速向上移动，如图 3-6-5（a）所示。如果要求有较大的熔宽时，采用月牙形摆动。摆动时，中间快速移动，焊道两侧稍作停顿，以防咬边，如图 3-6-5（b）所示。但尽量不采用图 3-6-5（c）所示的向下弯曲的月牙形摆动，向下弯曲摆动容易引起熔敷金属下淌和产生咬边。填充层最后一层焊接成形时，其焊道要低于母材表面 1.5~2 mm，不允许熔化坡口的棱边，以免影响盖面焊成形。

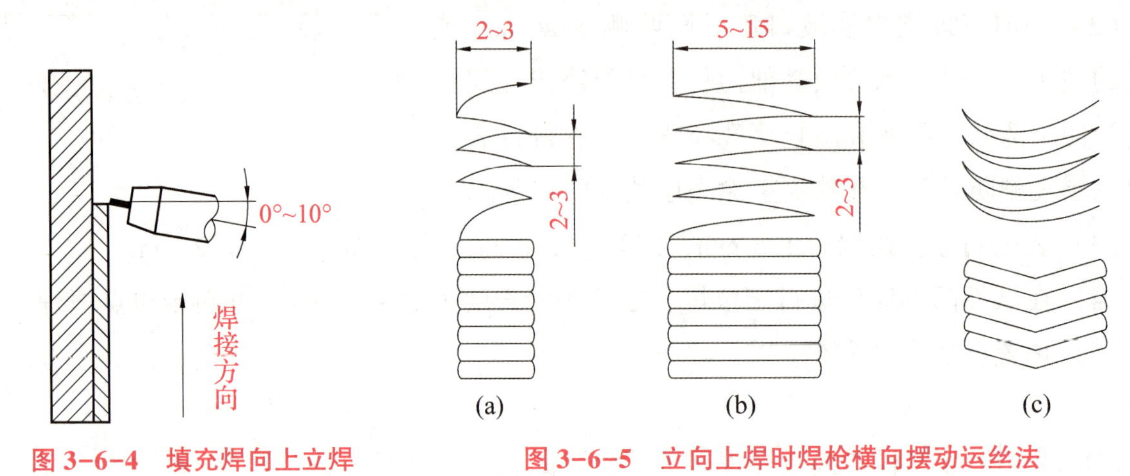

图 3-6-4　填充焊向上立焊　　图 3-6-5　立向上焊时焊枪横向摆动运丝法

5. 技术要领

（1）采用与 V 形坡口板对接平焊相同的试件及试件装配要求进行定位焊，预置反变形量 3°~5°，按立焊位固定在焊接架上，距离地面 800~900 mm。

（2）采用立向上焊法焊接第一层（打底层），焊丝可采用直线或者锯齿形运丝法（根据坡口间隙选择）；第二层以后采用向上立焊、月牙形摆动运丝法。施焊盖面焊缝时，要参照图 3-6-5（a）、（b）所示的立向上焊，采用焊枪横向摆动运丝法，焊丝在坡口两侧棱边处稍微停留，避免出现咬边和焊缝余高过大。

五、任务评价

1. 焊接质量检测

（1）表面焊缝与母材圆滑过渡，咬边深度不大于 0.5 mm。

（2）焊缝宽度 8~10 mm，宽度差不大于 2 mm；焊缝余高 0~4 mm，余高差不大于 2 mm，变形角度不大于 3°，错边量小于 1.2 mm。

（3）焊缝的边缘直线度不大于 2 mm。

（4）焊件上非焊道处不应有引弧痕迹。

2. 焊接评分标准

V 形坡口板对接立焊评分标准如表 3-6-2 所示。

表 3-6-2　V 形坡口板对接立焊评分标准

序号	考核项目	考核要求	配分	评分标准	得分
1	焊缝外观质量	表面无裂纹	5	有裂纹不得分	
2		无烧穿	5	有烧穿不得分	
3		无焊瘤	8	每处焊瘤扣 0.5 分	
4		无气孔	5	每个气孔扣 0.5 分，直径大于 1.5 mm 不得分	
5		无咬边	7	深度大于 0.5 mm，累计长 15 mm，扣 1 分	
6		无夹渣	7	每处夹渣扣 0.5 分	
7		无未熔合	7	未熔合累计长 10 mm，扣 1 分	
8		焊缝起头、接头、收尾无缺陷	8	起头收尾过高，接头脱节每处扣 1 分	
9		焊缝宽度不均匀不大于 3 mm	7	焊缝宽度变化大于 3 mm，累计长 30 mm，不得分	
10		焊件上非焊道处不得有引弧痕迹	5	有引弧痕迹不得分	
11	焊缝内部质量	焊缝内部无气孔、夹渣、未熔透、裂纹	10	Ⅰ级片不扣分，Ⅱ级片扣 5 分，Ⅲ级片扣 8 分，Ⅳ级片扣 10 分	
12	焊缝外形尺寸	焊缝宽度比坡口每侧增宽 0~2.5 mm，宽度差不大于 2 mm	8	每超差 1 mm，累计 20 mm，扣 1 分	
13		焊缝余高差不大于 2 mm	8	每超差 1 mm，累计 20 mm，扣 1 分	
14	焊后变形	角变形不大于 2°	5	超差不得分	
15	错位	错位量不大于 1/10 板厚	5	超差不得分	
16	安全生产	违章从得分中扣分	10		
17	总分		100	总得分	
考试计时：自　　时　　分至　　时　　分止					

六、任务拓展

问题 1：怎样防止焊缝熔池液态金属下坠？

问题 2：CO_2焊收弧时，应注意哪些问题？

任务3 V形坡口板 CO_2 对接横焊

一、任务目标

知识要求：

（1）掌握 CO_2 焊的 V 形坡口板对接横焊焊前准备工作和试件装配；

（2）能合理选用 CO_2 焊的 V 形坡口板对接横焊的焊接工艺参数；

（3）了解 CO_2 焊的 V 形坡口板对接横焊焊缝质量检测评定知识。

技能要求：

（1）掌握 CO_2 焊的 V 形坡口板对接横焊的焊接操作方法；

（2）了解 CO_2 焊的 V 形坡口板对接横焊的注意事项。

二、任务导入

本次的焊接任务工件图如图 3-7-1 所示，要求能准确识读图样，并按照图样的技术要求完成工件制作，掌握 CO_2 焊的 V 形坡口板对接横焊单面焊双面成形的基本操作技能。

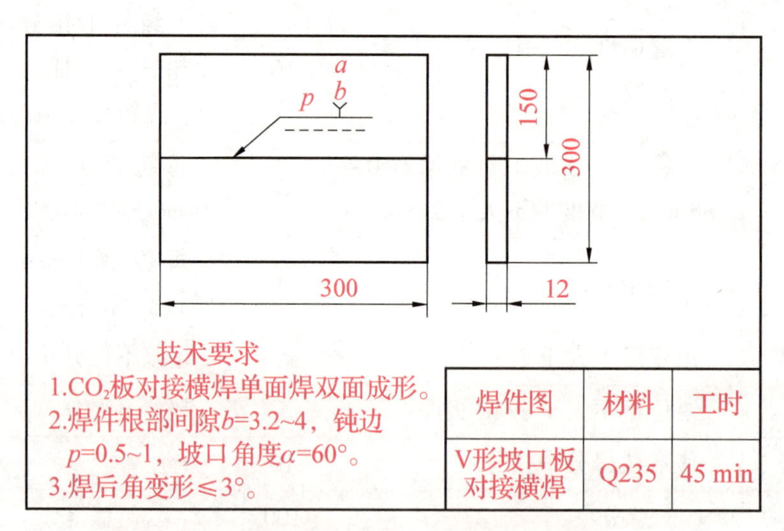

图 3-7-1 CO_2 焊的 V 形坡口板对接横焊工件图

三、任务分析

横焊时，熔池液态金属在重力作用下容易下坠，会在焊缝上边缘产生咬边，下边缘产生焊瘤、未焊透等缺陷。为避免这些缺陷，对于坡口较大，焊缝较宽的焊件，一般都采用多层多道焊，通过多条窄焊道的层状堆积，来尽量减少熔池体积，最后获得较好的焊缝表面成形。板对接横焊也要注意采用反变形法防止焊件角变形。

四、任务实施

1. 焊前准备

（1）试件材料：Q235 或 Q345（16Mn）。

（2）试件尺寸及数量：300 mm×150 mm×12 mm，2 块。坡口加工时可使用半自动氧乙炔火焰切割机进行切割，无条件的可用手动割炬切割。必须使用切割靠模，保证坡口切割质量（切口平整、角度匹配）。

（3）焊接要求：单面焊双面成形。

（4）焊接材料：焊丝型号为 ER50-6，直径为 1.2 mm。

（5）焊机：NBC1-300 型，直流反接。

（6）按照安全操作要求，穿戴劳保用品，准备焊接辅助工具。

2. 试件装配

（1）钝边：修磨钝边 0.5~1 mm，无毛刺。

（2）焊前处理：清理坡口及坡口正反面两侧各 20 mm 范围内的油污、锈蚀、水分及其他污物，直至露出金属光泽。为便于清理飞溅物和防止堵塞喷嘴，可在焊件表面涂上一层飞溅防黏剂，或在喷嘴上涂一层喷嘴防堵剂。

（3）装配间隙：始端为 3.2 mm，终端为 4.0 mm；错边量不大于 1.2 mm。

（4）定位焊：在试件两端坡口进行定位焊，焊缝长度为 10~15 mm，并对定位点进行清理。

（5）反变形量：预置反变形量为 3°~6°。

3. 焊接工艺参数

CO_2焊的 V 形坡口板对接横焊焊接工艺参数如表 3-7-1 所示。

表 3-7-1　CO_2 焊的 V 形坡口板对接横焊焊接工艺参数

焊接层次	焊丝直径/mm	焊接电流/A	电弧电压/V	焊接速度/($m\cdot h^{-1}$)	气体流量($L\cdot min^{-1}$)
打底焊	1.2	100~110	20~22	20~22	15~20
填充焊	1.2	130~150	20~22		
盖面焊	1.2	130~150	20~24		

4. 操作要点及注意事项

采用左向焊法，三层六道。将试板横向固定在焊接夹具上，焊缝处于横向水平位置，间隙小的一端放于右侧。横焊焊道分布如图 3-7-2 所示。

横焊时，熔池虽有下面母材支撑而较易操作，但焊道表面不易对称，所以焊接时，必须使熔池尽量小。同时，采用多层多道焊的方法来调整焊道表面形状，最后获得较对称的焊缝外形。

1）打底焊

调试好焊接工艺参数后。在试件定位焊缝上引弧，以小幅度锯齿形或斜圆圈形运丝摆动，自右向左焊接，并保持熔孔边缘超过坡口上下棱边，如图 3-7-3 所示。焊接过程中要仔细观察熔池和熔孔，根据间隙调整焊接速度及焊枪摆幅，尽可能地维持熔孔直径大小不变，焊至左端收弧。

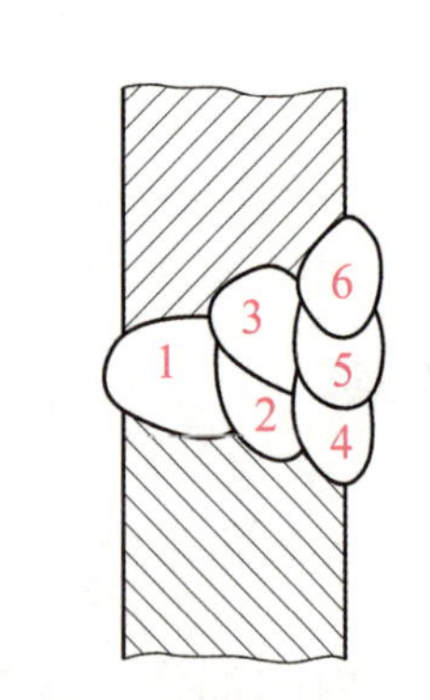

图 3-7-2 横焊焊道分布

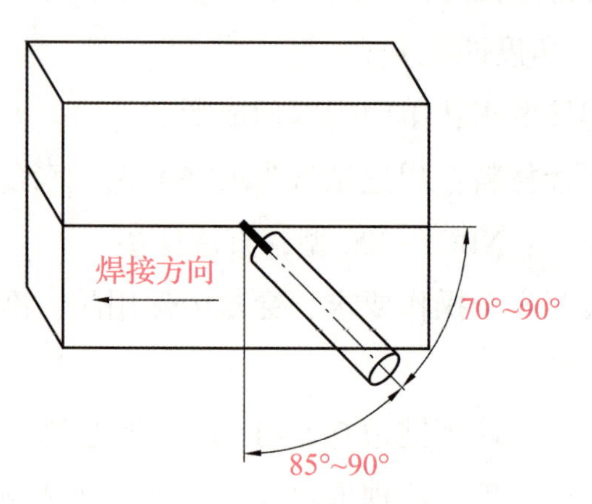

图 3-7-3 打底焊

2）填充焊

调试好填充焊参数，对准位置并用合适的角度进行填充焊道 2 与 3 的焊接。整个填充焊层厚度应低于母材 1. 5~2 mm，且不得熔化坡口棱边。

（1）填充焊道 2 时，焊枪成 0°~10°俯角，电弧以打底焊道的下缘为中心作横向斜圆圈形摆动，保证下坡口熔合好。

（2）填充焊道 3 时，焊枪成 0°~10°仰角，电弧以打底焊道的上缘为中心，在焊道 2 和上坡口面间摆动，保证熔合良好，重叠前一焊道的 1/2~2/3。填充焊焊枪角度如图 3-7-4 所示。

（3）清除填充焊道的表面飞溅物，并用角向磨光机打磨局部凸起处。

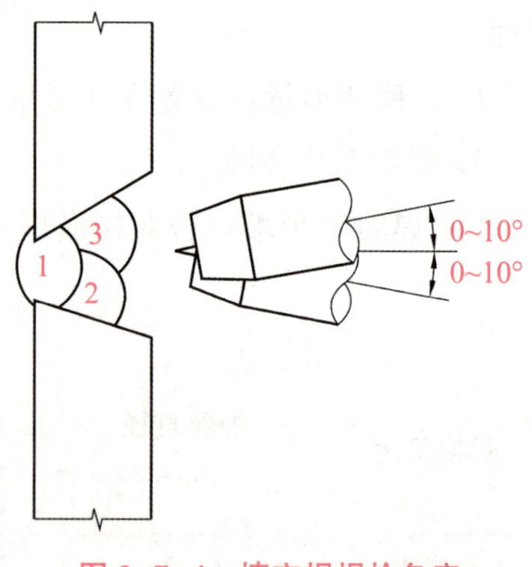

图 3-7-4 填充焊焊枪角度

3）盖面焊

调试好盖面焊参数，对准位置并用合适的角度进行盖面焊道 4、5、6 的焊接。操作要点基本同填充焊。

5. 技术要领

（1）采用与 V 形坡口板对接平焊相同的试件及试件装配要求进行定位焊，预置反变形量 3°~6°，按横焊位固定在焊接架上，距离地面 800~900 mm。

（2）采用小幅度锯齿形和斜圆圈形运丝法焊接打底层焊道，保证背面成形良好。填充层焊道从下往上排列，要求相互重叠1/2～2/3为宜，并保持各焊道的平整，防止焊缝两侧产生咬边。盖面层的焊接电流可略微减小，防止熔敷金属下淌，造成焊道成形不规则。

五、任务评价

1. 焊接综合评价

（1）焊丝规格选择正确，装配定位及预置反变形规范。

（2）焊接工艺参数选用得当。

（3）操作姿势正确，引弧顺利，收弧无缺陷。

（4）单面焊双面成形技术熟练，反面成形效果好。

（5）安全操作规范到位。

2. 焊接评分标准

CO_2焊的V形坡口板对接横焊评分标准如表3-7-2所示。

表3-7-2　CO_2焊的V形坡口板对接横焊评分标准

序号	考核项目	考核要求	配分	评分标准	得分
1	焊缝外观质量	表面无裂纹	5	有裂纹不得分	
2		无烧穿	5	有烧穿不得分	
3		无焊瘤	8	每处焊瘤扣0.5分	
4		无气孔	5	每个气孔扣0.5分，直径大于1.5 mm不得分	
5		无咬边	7	深度大于0.5 mm，累计长15 mm，扣1分	
6		无夹渣	7	每处夹渣扣0.5分	
7		无未熔合	7	未熔合累计长10 mm，扣1分	
8		焊缝起头、接头、收尾无缺陷	8	起头收尾过高，接头脱节每处扣1分	
9		焊缝宽度不均匀不大于3 mm	7	焊缝宽度变化大于3 mm，累计长30 mm，不得分	
10		焊件上非焊道处不得有引弧痕迹	5	有引弧痕迹不得分	
11	焊缝内部质量	焊缝内部无气孔、夹渣、未熔透、裂纹	10	Ⅰ级片不扣分，Ⅱ级片扣5分，Ⅲ级片扣8分，Ⅳ级片扣10分	

续表

序号	考核项目	考核要求	配分	评分标准	得分
12	焊缝外形尺寸	焊缝宽度比坡口每侧增宽 0~2.5 mm，宽度差不大于 3 mm	8	每超差 1 mm，累计 20 mm，扣 1 分	
13		焊缝余高差不大于 2 mm	8	每超差 1 mm，累计 20 mm，扣 1 分	
14	焊后变形	角变形不大于 2°	5	超差不得分	
15	错位	错位量不大于 1/10 板厚	5	超差不得分	
16	安全生产	违章从得分中扣分	10		
17	总分		100	总得分	
考试计时：自　　时　　分至　　时　　分止					

六、任务拓展

问题 1：CO_2焊板对接横焊时，预置反变形量为什么比立焊稍大？

问题 2：板对接横焊时多层多道焊的焊道如何分布？

任务 4 T 形接头 CO_2 立角焊

一、任务目标

知识要求：

(1) 掌握 CO_2焊 T 形接头立角焊的焊前准备工作和试件装配；

(2) 能合理选用 CO_2焊 T 形接头立角焊的焊接工艺参数；

(3) 掌握 CO_2焊 T 形接头立角焊焊缝质量检测评定知识。

技能要求：

(1) 掌握 CO_2焊 T 形接头立角焊的焊接操作方法；

(2) 了解 CO_2焊 T 形接头立角焊的操作注意事项。

二、任务导入

本次的任务工件图如图 3-8-1 所示，要求能准确识读图样，并按照图样的技术要求完成工件制作，掌握 CO_2 焊 T 形接头立角焊的基本操作技能。

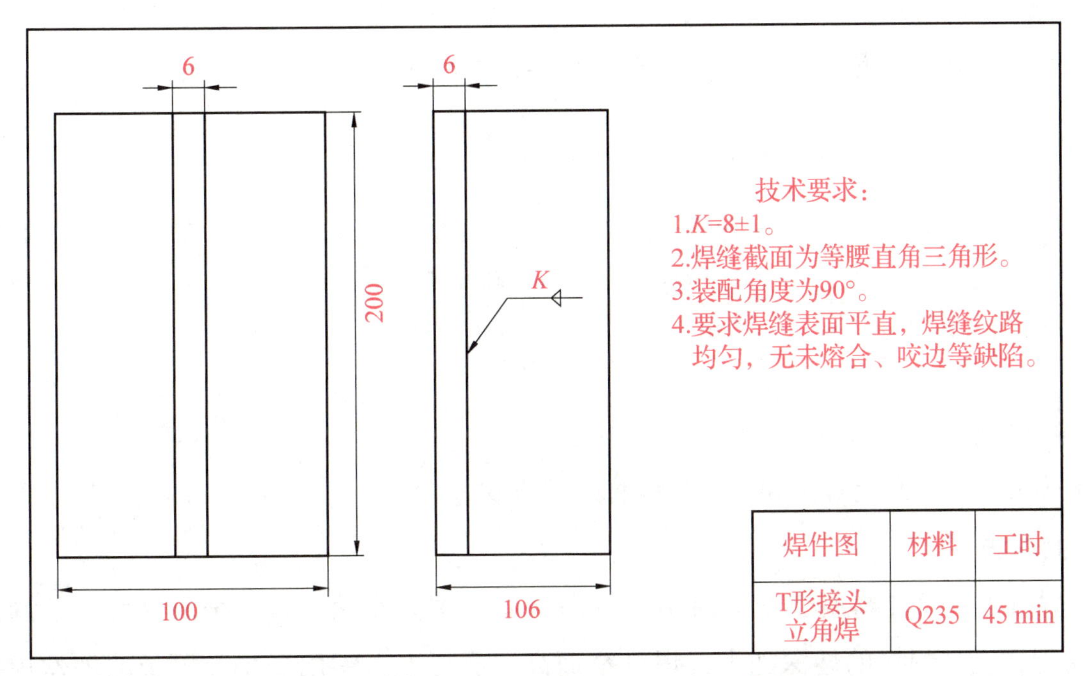

焊件图	材料	工时
T形接头立角焊	Q235	45 min

图 3-8-1　CO_2 焊 T 形接头立角焊工件图

三、任务分析

进行T形接头立角焊时，由于重力的作用，极易产生咬边、未焊透、焊缝下垂等缺陷。为了防止这些缺陷产生，在操作时，除了要正确地选择焊接参数外，还要根据板厚和焊脚尺寸来控制焊丝的角度。

四、任务实施

1. 焊前准备

（1）试件材料：Q235 或 Q345（16Mn）。

（2）试件尺寸及数量：200 mm×100 mm×6 mm，2 块；I 形坡口。

（3）焊接材料：焊丝型号为 ER50-6，直径为 1.2 mm。

（4）焊机：NBC1-300 型，直流反接。

（5）按照安全操作要求，穿戴劳保用品，准备焊接辅助工具。

2. 试件装配

（1）清理：用钢丝刷、磨光机、棉纱等清除焊件坡口面及坡口两侧表面各 20 mm 范围内的油污、锈蚀、水分及其他污物，直至露出金属光泽。把焊件平放在操作台上。

（2）装配间隙：将底板和立板垂直装配焊接固定，组对间隙为 0~2 mm。

（3）定位焊：焊缝长度为 10~15 mm，焊脚尺寸为 6 mm，试件两端各一处。

（4）试件位置：检查试件装配符合要求后，将试件按标准垂直位置固定。

3. 焊接工艺参数

CO_2 焊 T 形接头立角焊焊接工艺参数如表 3-8-1 所示。

表 3-8-1　CO_2 焊 T 形接头立角焊焊接工艺参数

焊接层数	焊丝直径 /mm	焊丝伸出长度 /mm	焊接电流（短路过渡）/A	焊接电压 /V	气体流量 /(L·min^{-1})
单层单道	1.2	10~15	120~150	18~20	15~20

4. 操作要点及注意事项

T 形接头立角焊有上焊法和下焊法两种焊接方式。

1）上焊法

上焊法是自下而上施焊，上焊时由于液态金属的重力作用，熔池金属易发生下淌，加上电弧的吹力，会使焊接的熔深加大，焊缝窄而高，成形差，常用于中、厚板的细丝焊接。操作时，焊枪可作小幅度的横向摆动，以防止焊缝过度凸起，焊枪角度如图 3-8-2 所示。

2）下焊法

下焊法是自上向下焊接，下焊时焊丝不摆动自上而下施焊，由于 CO_2 气流有承托和冷却熔池金属的作用，减少其下坠的可能性，焊缝成形良好，但熔深较小，适于薄板（6 mm 以下）焊接或厚板打底焊焊接。下焊法易于操作，普遍使用，如图 3-8-3 所示。

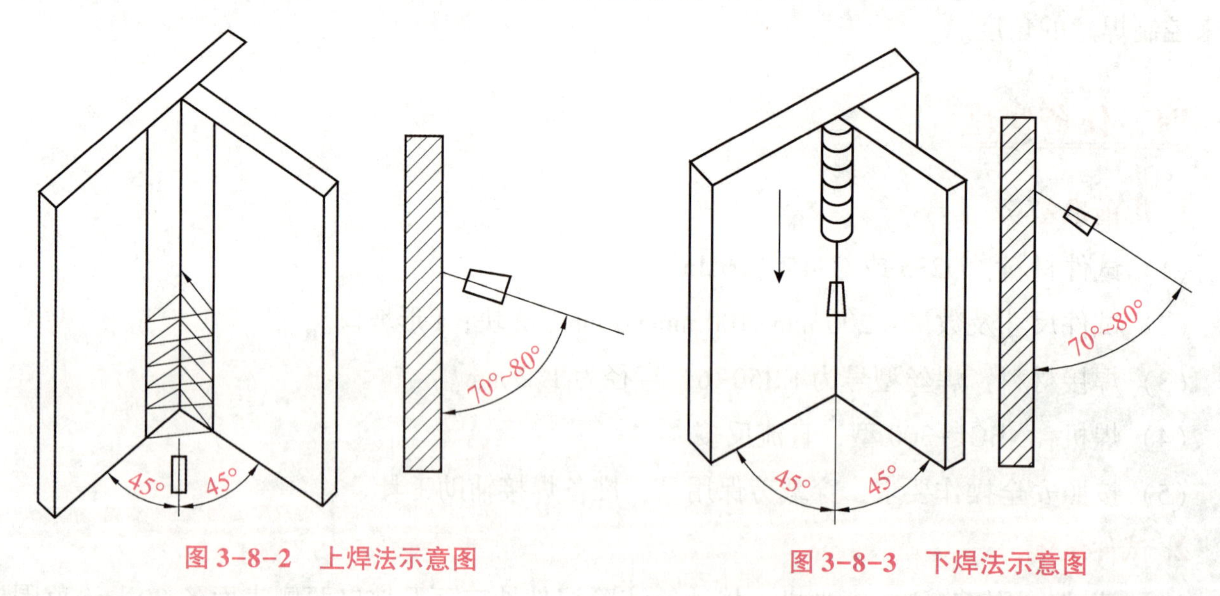

图 3-8-2　上焊法示意图　　图 3-8-3　下焊法示意图

3）注意事项

（1）试件位置：试件装配检查符合要求后，将试件垂直位置固定，焊缝方向处于上下垂直位置。试件就地面焊台上摆放。

（2）上焊法采用单层单道焊。调试好焊接工艺参数后，在试板的下端引弧，待试板底部完全熔合后，开始向上焊接。

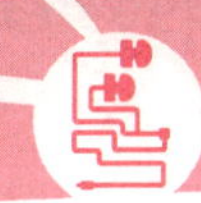

（3）下焊法也是采用单层单道焊。

（4）焊接过程中可采用三角形运条法、小幅度摆动焊接，有利于顶角处焊透。为避免熔液下淌，中间位置要稍快；为避免咬边，在焊缝两侧处要稍作停留。

五、任务评价

1. 焊接综合评价

（1）角焊缝的焊脚尺寸和焊缝厚度应符合工程设计技术要求，以保证结构件焊接接头的强度。一般焊脚尺寸随焊件厚度的增大而增加，如表 3-8-2 所示。

（2）焊缝表面不得有裂纹、未熔合、夹渣、气孔、焊瘤和未焊透等缺陷。

（3）焊缝表面的咬边深度不大于 0. 5 mm，两侧的咬边总长度不得超过焊缝长度的 10%。

（4）焊缝的凹度或凸度应小于 1. 5 mm，各部位名称如图 3-8-4 所示。

（5）焊脚应对称，其高宽差不大于 2 mm。

（6）焊件上非焊道处不得有引弧痕迹。

表 3-8-2　钢板厚度与焊脚尺寸的关系　mm

钢板厚度	2~3	3~6	6~9	9~12	12~16	16~23
最小焊脚尺寸	2	3	4	5	6	8

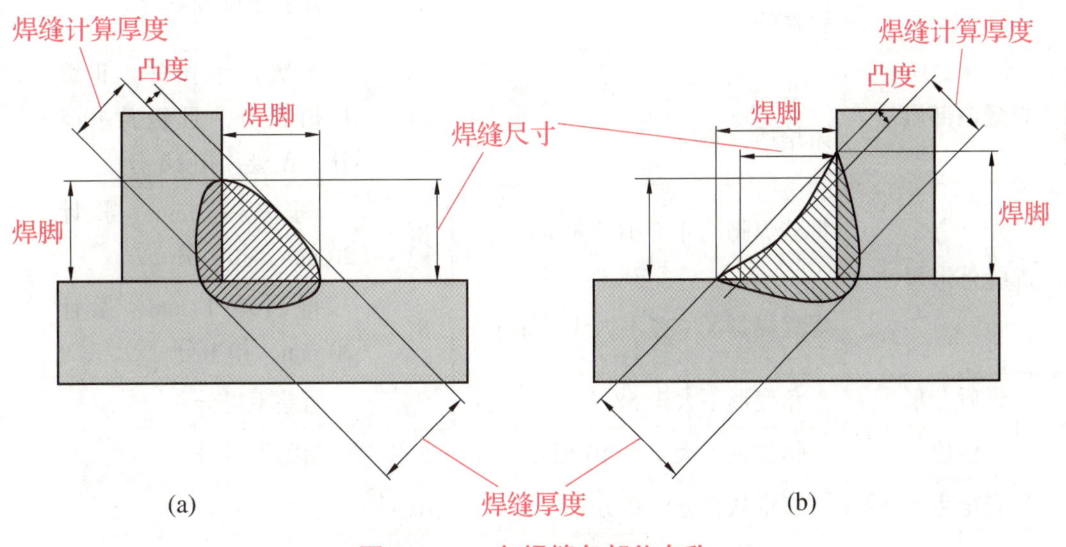

图 3-8-4　角焊缝各部位名称

（a）凸形角焊缝；（b）凹形角焊缝

2. 焊接评分标准

CO_2 焊的 T 形接头立角焊评分标准如表 3-8-3 所示。

表 3-8-3 CO_2 焊的 T 形接头立角焊评分标准

序号	考核项目	考核要求	配分	评分标准	得分
1	焊缝外观质量	表面无裂纹	5	有裂纹不得分	
2		无烧穿	5	有烧穿不得分	
3		无焊瘤	8	每处焊瘤扣 0.5 分	
4		无气孔	5	每个气孔扣 0.5 分，直径大于 1.5 mm 不得分	
5		无咬边	7	深度大于 0.5 mm，累计长 15 mm，扣 1 分	
6		无夹渣	7	每处夹渣扣 0.5 分	
7		无未熔合	7	未熔合累计长 10 mm，扣 1 分	
8		焊缝起头、接头、收尾无缺陷	8	起头收尾过高，接头脱节每处扣 1 分	
9		焊缝宽度不均匀不大于 3 mm	7	焊缝宽度变化大于 3 mm，累计长 30 mm，不得分	
10		焊件上非焊道处不得有引弧痕迹	5	有引弧痕迹不得分	
11	焊缝内部质量	焊缝内部无气孔、夹渣、未熔透、裂纹	10	Ⅰ级片不扣分，Ⅱ级片扣 5 分，Ⅲ级片扣 8 分，Ⅳ级片扣 10 分	
12	焊缝外形尺寸	焊缝焊脚尺寸不小于 4 mm	8	每差 1 mm，累计 20 mm，扣 1 分	
13		焊缝焊脚尺寸差不大于 2 mm	8	每超差 1 mm，累计 20 mm，扣 1 分	
14	焊后变形	角变形不大于 5°	5	超差不得分	
15	错位	错位量不大于 1/10 板厚	5	超差不得分	
16	安全生产	违章从得分中扣分	10		
17	总分		100	总得分	
考试计时：自　　时　　分至　　时　　分止					

六、任务拓展

问题 1：T 形接头立角焊什么情况下可采用下焊法？

问题 2：T 形接头立角焊时，气体流量如何选择？

模块四

非熔化极惰性气体保护焊

前情提要

非熔化极惰性气体保护电弧焊，又称为TIG（Tungsten Inert Gas）焊。它是在惰性气体的保护下，利用钨电极与工件间产生的电弧热熔化母材和填充焊丝（如果使用填充焊丝）的一种焊接方法。氩弧焊是TIG焊的一种，采用惰性气体氩气作为保护气体，保护效果好，焊接质量高。无论是在手工焊接还是自动焊接0.5~4.0 mm厚的不锈钢等金属材料时，TIG焊都是常用到的焊接方式。各类合金钢、易氧化的非铁金属及稀有金属等，几乎所有的金属材料都可进行TIG焊。

TIG焊广泛用于焊接容易氧化的有色金属（如铝、镁等）及其合金、不锈钢、高温合金、钛及钛合金，还有难熔的活性金属（如钼、铌、锆等）、高压管子焊接和重要焊件的打底焊（底层焊缝的焊接）、厚度1 mm以下的薄板焊接等。

学习目标

（1）了解TIG焊原理及特点。

（2）了解TIG焊设备、工艺特点。

（3）掌握TIG焊薄板横焊、摇把焊的焊接操作方法。

知识单元 1 TIG 焊的特点及应用

一、TIG 焊的原理

TIG 焊是用纯钨或合金钨作为非熔化电极，采用惰性气体作为保护气体的电弧焊方法。它是在惰性气体的保护下，利用钨电极与工件间产生的电弧热熔化母材和填充焊丝（如果使用填充焊丝）的一种焊接方法。TIG 焊工作原理如图 4-1-1 所示。

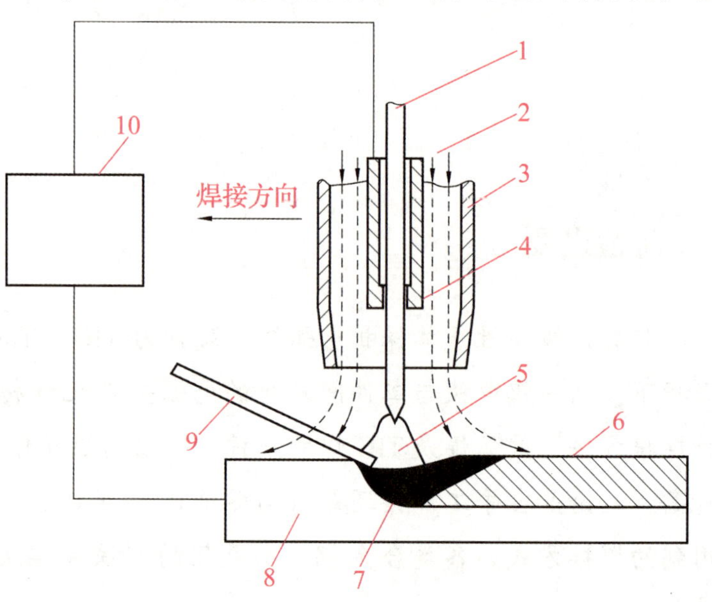

图 4-1-1 TIG 焊的工作原理

1—钨电极；2—惰性气体；3—喷嘴；4—电极夹；5—电弧；6—焊缝；7—熔池；8—母材；9—填充焊丝；10—焊接电源

由图 4-1-1 可知，焊接时氩气从焊枪的喷嘴中连续喷出，在电弧周围形成保护层隔绝空气，以防止其对钨极、熔池及邻近热影响区的氧化，从而获得优质的焊缝。焊接过程中根据工件的具体要求可以加或者不加填充焊丝，当焊接厚度为 3 mm 以下的薄板时，一般无须加工坡口和填充焊丝，所得到的焊缝表面实际上略有凹陷；在焊接厚度为 6 mm 以上的厚板时，通常需要在焊件上开坡口，并加填充金属。

二、TIG 焊的分类

TIG 焊有以下 5 种分类方式。

（1）按电流波形分类：①直流 TIG 焊；②交流正弦波 TIG 焊；③交流方波 TIG 焊；④低频脉冲 TIG 焊；⑤中频脉冲 TIG 焊；⑥高频脉冲 TIG 焊。

（2）按机械化程度分类：①手工 TIG 焊；②自动 TIG 焊。

（3）按焊丝是否预热分类：①冷丝 TIG 焊；②热丝 TIG 焊。

（4）按填充丝根数分类：①单丝 TIG 焊；②双丝 TIG 焊。

（5）按保护气分类：①氩弧 TIG 焊；②氦弧 TIG 焊；③混合气 TIG 焊。

三、TIG 焊的特点

1. TIG 焊的优点

（1）可焊金属多。氩气（惰性气体）具有很好的保护作用，能有效地隔绝周围空气。它本身既不与金属起化学反应，也不溶于金属，使得焊接过程中的冶金反应简单且易控制，因此，可成功焊接其他焊接方法不易焊接的易氧化、氮化、化学活泼性强的有色金属、不锈钢和各种金属和合金，如图 4–1–2 所示。

图 4–1–2　TIG 焊的可焊金属和合金

（2）适应能力强。钨极电弧非常稳定，即使在很小电流情况下（<10 A）仍可稳定燃烧，特别适用于薄板材料的焊接。

（3）由于填充焊丝不通过电流，故不产生飞溅，焊缝成形美观。

（4）因为电弧热量比较集中，所以焊接热影响区小，焊接变形小。

（5）由于气体保护没有焊渣而且采用明弧焊接，因此可进行全位置焊，容易实现机械化、自动化。

2. TIG 焊的缺点

（1）焊接生产率较低。焊接时，钨极承载电流能力较差，过大的电流会引起钨极的熔化和蒸发，其微粒有可能进入熔池而引起夹钨。因此，熔敷速度小、熔深浅、生产率低。

（2）生产成本较高。保护气体采用氩气，成本较高，其熔敷率低，且氩弧焊机又较复杂，和其他焊接方法（如焊条电弧焊、埋弧焊、CO_2气体保护焊）比较，生产成本较高，故主要用于焊接质量要求较高产品的焊接。

（3）氩弧周围受气流影响较大，不宜在室外大风天气环境工作。

（4）存在一定的弧光辐射、高频电磁场、臭氧等职业危害因素，必须予以必要的安全防护。

四、TIG 焊的应用

（1）从材料方面来看：可用于几乎所有的金属和合金的焊接，特别是对铝、镁、钛、铜等有色金属及其合金、不锈钢、耐热钢、高温合金、钼、铌等的焊接具有优势。

（2）从厚度方面来看：多用于薄件焊接（从生产效率考虑，以 3 mm 以下为宜）。

（3）从位置方面来看：TIG 焊有手工焊和自动焊两种方式，所以它应用灵活，适用于各种长度焊缝的焊接。既可以焊接薄件，也可以用来焊接厚件；既可以在平焊位置焊接，也可以在其他各种空间位置焊接。

知识单元 2　TIG 焊的设备

一、TIG 焊焊接系统组成

TIG 焊焊接系统组成如图 4-2-1 所示。

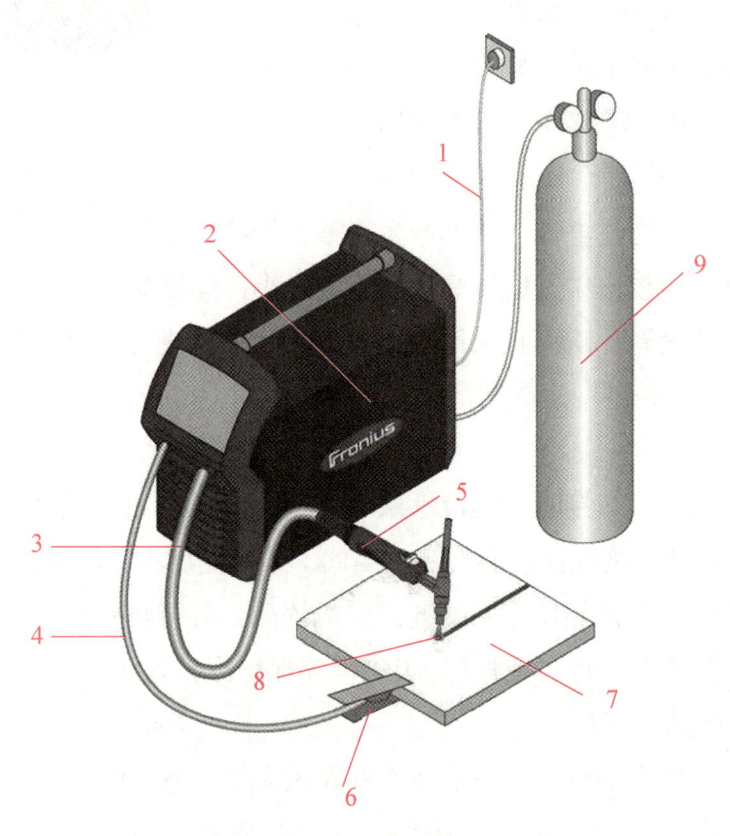

图 4-2-1　TIG 焊焊接系统组成

1—电源线；2—弧焊电源（焊机）；3—焊枪线缆；4—地线；5—焊枪；6—地线夹；
7—工件；8—填充金属（焊丝）；9—供气系统（气瓶、减压阀）

二、TIG 焊焊机型号代码

参考 GB/T 10249—2010，TIG 焊焊机型号代码如图 4-2-2 所示。例如，WSE5—200 表示手工 TIG 焊机，交直流两用，额定焊接电流 200 A。

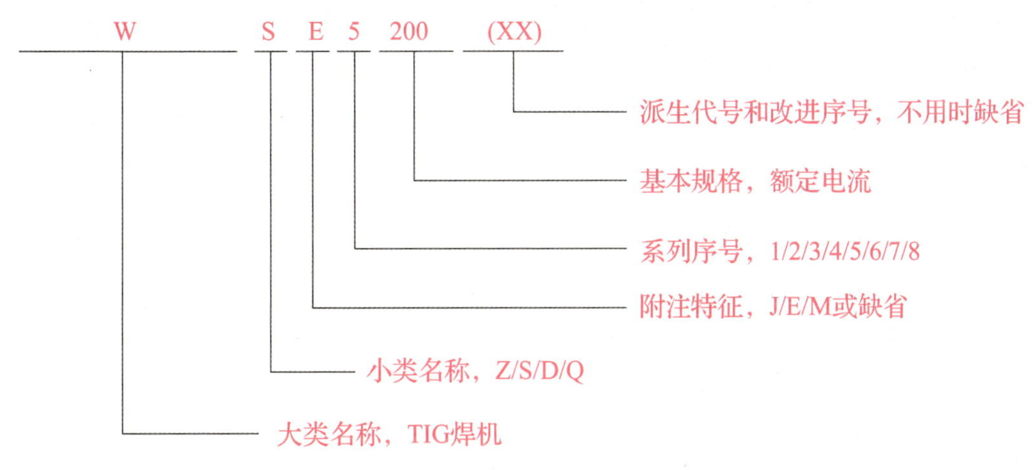

图 4-2-2　TIG 焊焊机型号代码

三、TIG 焊电源

TIG 焊电源大致可以分为直流焊接电源及交流焊接电源两类。

1. 直流焊接电源

直流 TIG 焊时，电流极性没有变化，电弧连续而稳定，按电源极性的不同接法，又可将直流 TIG 焊分为直流正极性法和直流反极性法两种。

在判断极性时，是以焊件为基准的，直流正极性焊接时，焊件接电源（焊机输出端）正极，焊枪钨极接电源负极。

1）直流正极性特点

（1）熔池深而窄，焊接生产率高，焊件的收缩应力和变形都相对小。TIG 焊电源直流正极性时电子的分布图如图 4-2-3 所示。

（2）钨极许用电流大，不容易烧损，寿命长。

2）直流反极性特点

钨极处于正极，阳极产热量多于阴极，容易造成钨极烧损。

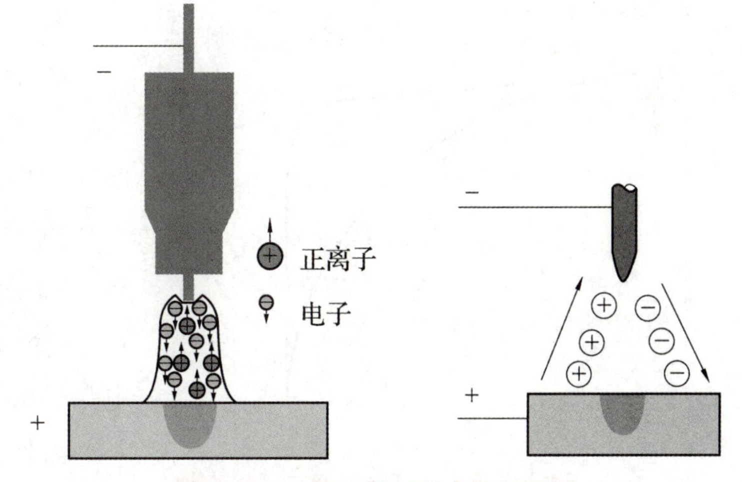

图 4-2-3　直流正极性电子分布图

由于焊件上放出的热量不多，焊缝熔池浅，生产率低。

焊接铝、镁及其合金时，则希望用直流反接或交流电源。因极间正离子撞击工件熔池表面，可使氧化膜破碎，破碎熔池金属氧化膜的显著效果，使焊缝表面光亮美观、成形良好，有利于焊件金属熔合和保证焊接质量。

2. 交流焊接电源

交流 TIG 焊时，电流极性每半个周期交换一次，因而兼备了直流正极性法和直流反极性法

两者的优点。在交流反极性半周里，焊件金属表面氧化膜会因阴极破碎作用而被清除；在交流正极性半周里，钨极可以得到冷却，并能发射足够的电子以利于电弧稳定。

电流周期性地过零点，影响焊接过程的稳定。直流分量主要是会造成电弧电流在正负半周的不对称，这种不对称会使阴极破碎作用减弱，同时会使焊接变压器发热，甚至烧毁。

解决过零点复燃困难的问题常采用的措施包括：

（1）提高焊接电源的空载电压；

（2）采用高频振荡器稳弧；

（3）采用高压脉冲稳弧。

3. 电弧特性

TIG 焊电弧的电流-电压特性如图 4-2-4 所示。

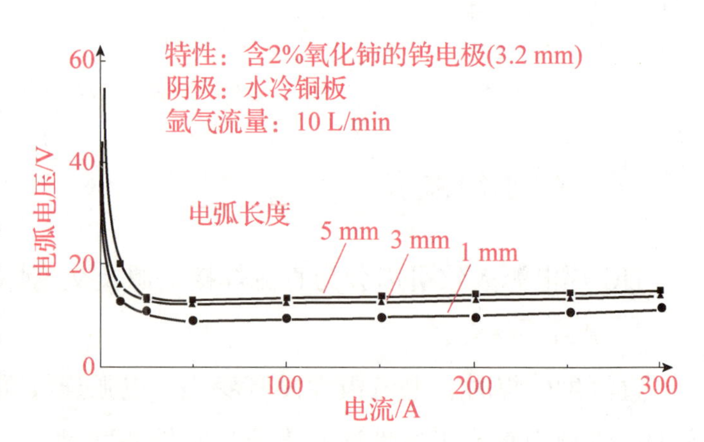

图 4-2-4　TIG 焊电弧的电流-电压特性

在 0~30 A 的小电流范围内，随着电流的增加电弧电压减小，呈现负电阻效应，然后转移到恒定电压特性区。随着电流的进一步的提高，电压随着电流的增加而增加，呈现上升特性。

保持电流-电压特性一定，增加电弧长度，电弧电压基本成比例上升。原因是电弧电压与电弧长度成正比。

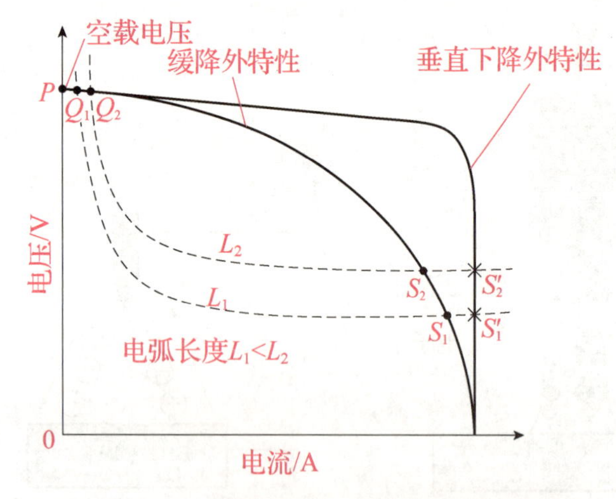

图 4-2-5　焊接电源的外部特性及电弧静特性

4. 电源特性

图 4-2-5 表示焊接电源的外部特性（实线）及电弧的静特性（虚线）。电源的工作点为实线与虚线的交点 S（点 Q 也为工作点，但由于在点 Q 电弧不稳定，工作点立即移动到点 S）。如果电弧长度从 L_1 变为 L_2，则工作点将由点 S_1 变为 S_2，但上述二点之间的电流差很小，电弧仍可以维持。

另外，如果使用垂直下降特性的焊接电源，即使焊接电弧长度有变化，电流也能保持一定，所以可得到熔深恒定的焊接结果。逆变焊接电源就是使用垂直下降特性。

四、TIG 焊焊枪

TIG 焊焊枪由焊枪体、焊枪帽、喷嘴、电极夹、钨电极、氩气软管、水冷管、电缆等组成。根据操作方法不同，可将焊枪分为以下 4 种。

（1）手工操作用焊枪。

手工操作用焊枪按照冷却条件主要分为空冷焊枪和水冷焊枪两种类型。空冷焊枪一般质量轻、尺寸小、结构紧凑且价格便宜。它们一般能采用的电流不超过 200 A，适用于小电流及负载持续率较低场合。水冷焊枪适用于大电流或者自动 TIG 焊接和机器人焊接场合，它的结构更复杂，质量、价格都要高一些。水冷 TIG 焊枪的内部结构如图 4-2-6 所示。

（2）半自动焊接用焊枪。

半自动 TIG 焊枪一般是送丝装置与焊枪一体型焊枪，如图 4-2-7 所示。由于一体型 TIG 焊枪采用直径为 0.4~1.0 mm 的细径焊丝，熔池平稳，可以稳定地进行连续高速自动送丝，因此与手工进丝的 TIG 焊接相比较，焊熔敷量更大、焊接效率更高。

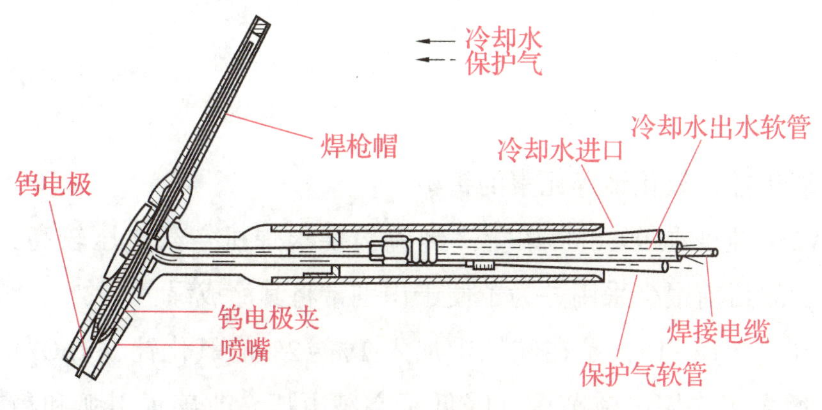

图 4-2-6　水冷 TIG 焊枪的内部结构

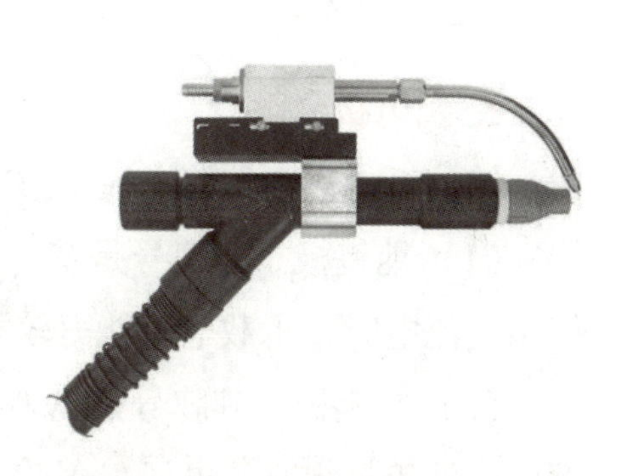
图 4-2-7　送丝装置与焊枪一体型 TIG 焊枪

（3）机器人焊接用焊枪。

机器人焊接用焊枪在安装方式上可分为内置式焊枪与外置式焊枪。内置式焊枪直接安装在焊接机器人的第六轴上，第六轴为中空设计，焊枪的送丝管与保护气体管直接穿入。外置式焊枪通过安装支架安装，送丝管与保护气体管外置。外置式焊枪安装方式通用，可安装在不同机器人上，而内置式焊枪只能安装在专用的焊接机器人上。机器人焊接用 TIG 焊枪如图 4-2-8 所示。

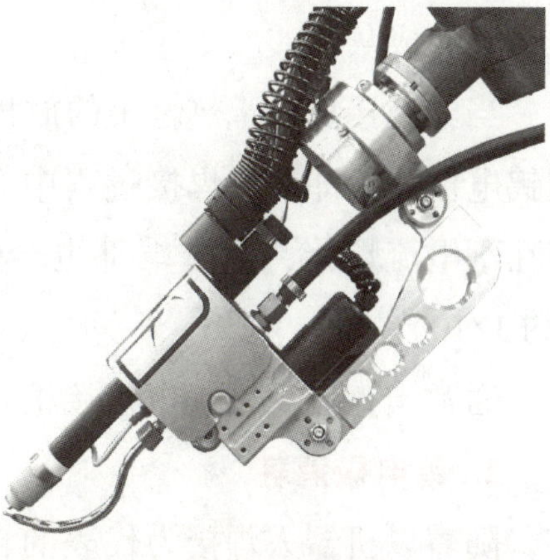

图 4-2-8　机器人焊接用 TIG 焊枪

（4）电弧点焊用焊枪。

TIG 点焊是用焊枪端部的喷嘴将被焊的两块焊件压紧，保证连接面贴紧，然后依靠钨极和焊件之间产生的电弧使钨极下方的局部金属熔化，冷凝形成焊点。TIG 点焊适用于焊接各种薄板结构及薄板与厚板的连接，所焊材料目前主要为不锈钢和低合金钢等。由于气体保护的方法与一般的 TIG 焊接不同，也为了让保护气体逸出，TIG 点焊焊枪需要专用的绝缘环及喷嘴。TIG 点焊示意图如图 4-2-9 所示。

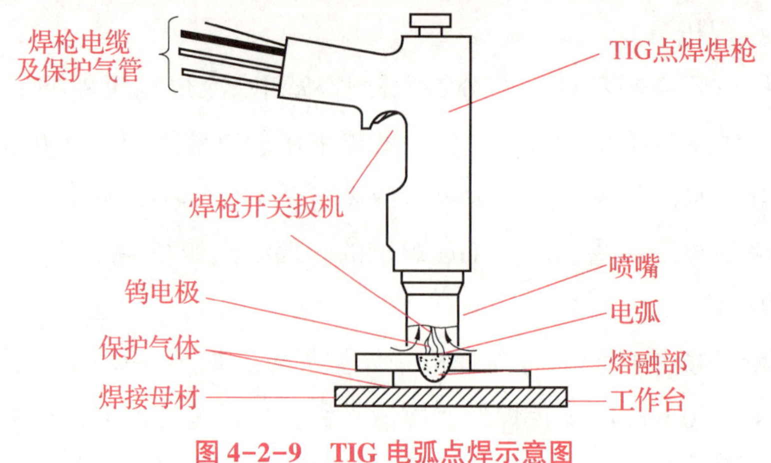

图 4-2-9　TIG 电弧点焊示意图

五、钨电极

1. 钨电极分类

钨电极一般为纯钨电极及掺有氧化钍、氧化铈等元素的钨极。

（1）纯钨极。其牌号是 W1、W2，纯度在 99.85%以上。纯钨极要求焊机空载电压较高，使用交流电时，承载电流能力较差，故目前很少采用。为了便于识别常将其涂成绿色。

（2）钍钨极。其牌号是 WTh-10、WTh-15，是在纯钨中加入 1%~2%的氧化钍（ThO_2）而成。钍钨极提高了电子发射率，增大了许用电流范围，降低了空载电压，改善了引弧和稳弧性能，但是具有微量放射性。为了便于识别常将其涂成红色。

（3）铈钨极。其牌号是 WCe-20，是在纯钨中加入 2%的氧化铈（CeO）而成。铈钨极比钍钨极更容易引弧，使用寿命长，放射性极低，是目前推荐使用的电极材料。为了便于识别常将其涂成灰色。

当电极接负时，热电子的放出会使电极端部冷却。但含有钍、铈的电极的冷却作用要比纯钨电极强，即使在焊接过程中电极也不熔化，故电极的消耗得到抑制。当电极接正时，即使在小电流焊接，电极端部也会熔化，其允许的焊接电流要比电极接负时的允许值小得多（约 1/10）。

通常当直流反接（电极接正）时可使用钍钨极，当交流焊接时可使用铈钨极。

2. 钨电极消耗

随着以机器人焊接为代表的自动、高精度、高质量的焊接要求的不断提高，纯钨及钍钨极的性能已越来越不够，而铈钨极的性能较好。3 种电极（直径均为 3.2 mm，连续烧弧 30 min）在直流和交流时的消耗量比较如图 4-2-10 所示。

在 TIG 焊接中将钨电极接正、母材接负时，电弧具有将铝等母材表面的氧化膜去除的清洁功能（阴极雾化作用），但同时由于钨电极的过热容易造成电极激烈损耗。

在使用逆变式交流 TIG 焊接电源进行焊接时，为了既能充分得到上述氧化膜清洁作用又能抑制电极的损耗，将焊枪接正的时间设定得很短。与原先的焊接电源相比较，使用逆变电源时的电极损耗量较少。另外，通过改变焊枪接正的时间可以很方便地调整氧化膜清洁宽度。

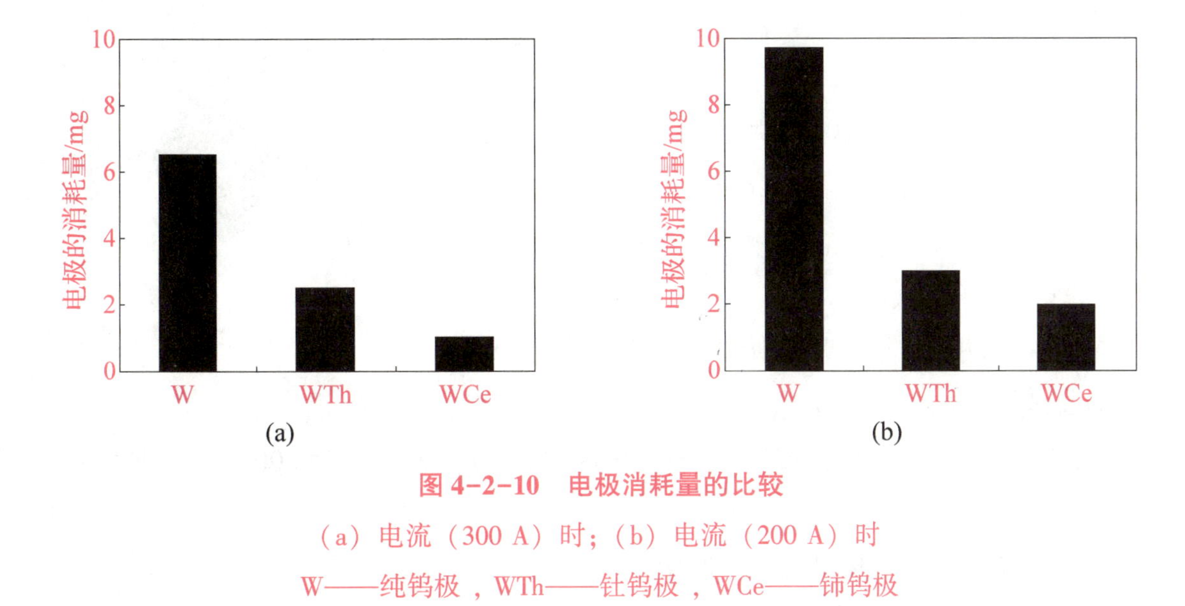

图 4-2-10　电极消耗量的比较

（a）电流（300 A）时；（b）电流（200 A）时

W——纯钨极，WTh——钍钨极，WCe——铈钨极

六、TIG 焊附属设备

TIG 焊接设备的附属设备有遥控器、送丝装置、气体流量调节器（流量计）及压力调节器、冷却水循环装置、焊接线缆和工作线缆等。

1. 遥控器

TIG 焊接中使用遥控器对焊接电流、脉冲电流或弧坑电流进行调节（也有使用焊接电源的前面板上的调节旋钮对上述参数进行调节的焊接电源），方便焊工在工作现场远程调节焊接工艺参数，提高工作效率。遥控器如图 4-2-11 所示。

2. 送丝装置

TIG 手工焊接使用手工填加焊丝，但在进行半自动焊接或自动焊接时使用卷成盘状的焊丝，并利用送丝装置进行自动送丝，可提升焊接效率，降低劳动强度。送丝装置如图 4-2-12 所示。

图 4-2-11　遥控器

图 4-2-12　送丝装置

3. 气体流量调节器（流量计）及压力调节器

虽然气体流量调节器在压力调节器的下侧，但一般将上述两个调节器做成一体，在流量调节器上装有气体流量调节阀，如图 4-2-13 所示。在流量计内部有一个圆锥形透明管，当气

体在管中从下往上流时，由于气体压力将浮子往上顶起，气体从球与管壁的缝隙中通过。

图 4-2-13　气体流量调节器（流量计）及压力调节器

4. 冷却水循环装置

当在没有自来水水源的地方使用水冷焊枪时，使用冷却水循环装置，可冷却焊枪及电缆。冷却水循环装置如图 4-2-14 所示。

5. 焊接线缆和工作线缆

焊接电缆：一端带有接线片连接器（有的是快速接头），另一端带有接线片。

工作电缆：一端为接线片连接器（有的是快速接头），另一端为 600 A C 型地线夹，用以连接工件。

焊接线缆和工作线缆如图 4-2-15 所示。

图 4-2-14　冷却水循环装置

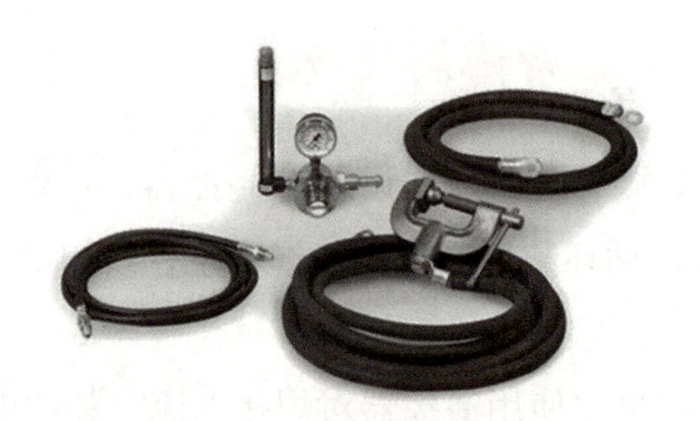

图 4-2-15　焊接线缆和工作线缆

知识单元 3　TIG 焊工艺

一、焊前清理

TIG 焊常用气体氩气是惰性气体，在焊接过程中，既不与金属起化学作用，也不溶解于金属。与前面介绍的 CO_2 焊等焊接方法相比，TIG 焊为获得高质量焊缝提供了良好条件。但是，氩气不像还原性气体或氧化性气体那样，它没有脱氧去氢的能力。因此，为了确保焊接质量，焊前清理变得尤为重要。

焊前必须将焊件及焊丝清理干净，不应残留油污、氧化皮、水分和灰尘等。如果采用工艺垫板，同样也要进行清理，否则它们就会从内部破坏氩气的保护作用，这往往是造成焊接缺陷（如气孔）的原因。

TIG 焊常用的清理方法如下。

1）清除油污、灰尘

常用汽油、丙酮等有机溶剂清洗焊件与焊丝表面，也可按焊接生产说明书规定的其他方法进行清理。

2）清除氧化膜

常用的方法有机械清理法和化学清理法两种，或两者联合进行。

机械清理法主要用于焊件，有机械加工、喷砂、磨削及抛光等方法。对于不锈钢或高温合金的焊件，常采用砂带磨或抛光，将焊件接头两侧 30~50 mm 宽度内的氧化膜清除掉。对于铝及其合金，由于材质较软，不宜用喷砂清理，可用细钢丝轮、钢丝刷或刮刀将焊件接头两侧一定范围的氧化膜除掉。但这些方法生产效率低，我们在后面的实操练习中主要采用这种方法。

化学清理法对于铝、镁、钛及其合金等有色金属的焊件与焊丝表面氧化膜的清理效果好，且生产率高，对于成批生产时常用化学清理法。

值得注意的是，清理后的焊件与焊丝必须妥善放置与保管，一般应在 24 h 内焊接完。如果存放中弄脏或放置时间太长，其表面氧化膜仍会增厚并吸附水分，因而为保证焊缝质量，必须在焊前重新清理。

二、TIG 焊工艺参数

TIG 焊的焊接工艺参数有：焊接电流、电弧电压（或电弧长度）、焊接速度、填丝速度、保护气体流量与喷嘴直径、钨极直径与形状等。合理的焊接工艺参数是获得优质焊接接头的重要保证，具体分析如下。

1. 焊接电流

焊接电流是 TIG 焊的主要参数。在其他条件不变的情况下，电弧能量与焊接电流成正比。焊接电流越大，可焊接的材料厚度越大。因此，焊接电流是根据焊件的材料性质与厚度来确定的。随着焊接电流的增大，凹陷深度 a_1、背面焊缝余高 e、熔透深度 S 以及焊缝宽度 c 都相应地增大，而焊缝余高 h 相应地减小。当焊接电流太大时，易引起焊缝咬边、烧穿等缺陷；反之，焊接电流太小时，易形成未熔合、未焊透等缺陷。不填充焊丝和填充焊丝时的 TIG 焊焊缝截面形状如图 4-3-1 所示。

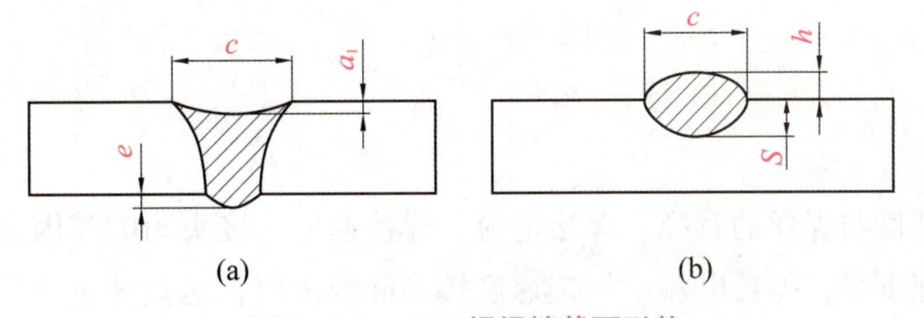

图 4-3-1　TIG 焊焊缝截面形状

（a）不填充焊丝；（b）填充焊丝

2. 电弧电压（或电弧长度）

电弧电压主要影响焊缝宽度，它由电弧长度决定。当电弧长度增加时，电弧电压即增加，焊缝宽度 c 和加热面积都略有增大。喷嘴到焊件的距离与有效保护直径的关系如图 4-3-2 所示，由图可知，在一定限度内，喷嘴到焊件的距离 L 越短，保护效果就越好。一般在保证钨极与工件不短路的情况下，应尽量采用较短的电弧进行焊接。不加填充焊丝焊接时，弧长以控制在 1~3 mm 之间为宜，加填充焊丝焊接时，弧长一般取 3~6 mm。

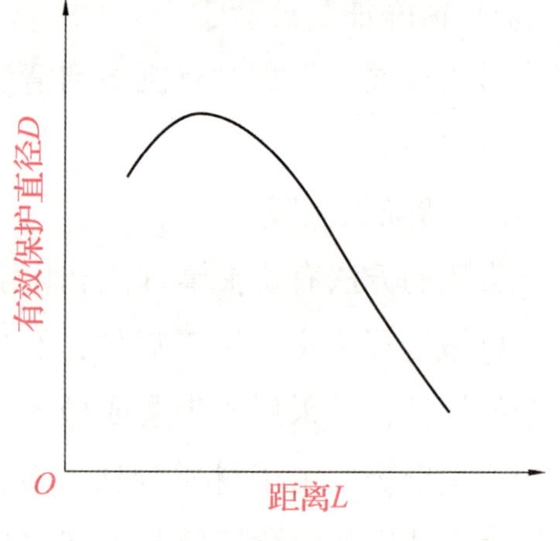

图 4-3-2 喷嘴到焊件的距离与保护效果特性

3. 焊接速度

当焊接电流确定后，焊接速度决定单位长度焊缝的热输入。提高焊接速度，熔深和熔宽均减小；反之，则增大。如果要保持一定的焊缝成形系数，焊接电流和焊接速度应同时提高或减小。另外，当焊接速度过快时，焊缝易产生未焊透、气孔、夹渣和裂纹等缺陷；反之，焊接速度过慢时，焊缝又易产生焊穿、咬边及氧化烧损的现象。

从影响气体保护效果这方面来看，随着焊接速度的增大，从喷嘴喷出的柔性保护气流罩因为受到前方静止空气的阻滞作用，会产生变形和弯曲。静止、正常速度和速度过快 3 种情况下，焊接速度对气体保护效果的影响如图 4-3-3 所示。当焊接速度过快时，可能使电极末端、部分电弧和熔池暴露在空气中，从而恶化保护作用。这种情况在自动高速焊时容易出现。此时，为了扩大有效保护范围，可适当加大喷嘴直径和保护气流量。

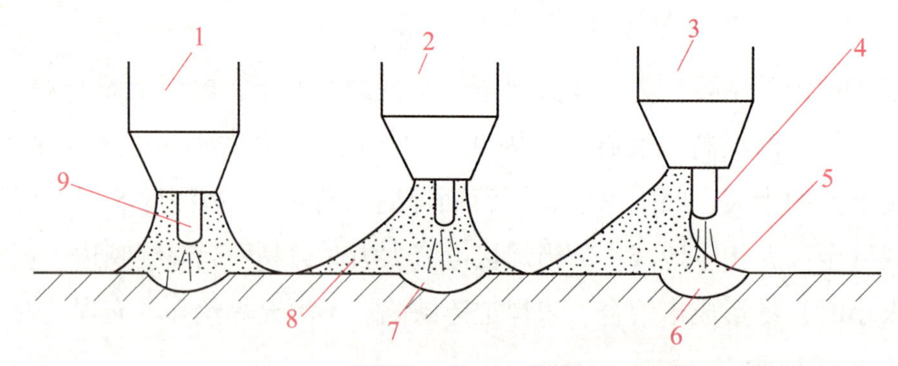

图 4-3-3 焊接速度对气体保护效果的影响

1—静止；2—正常速度；3—速度过快；4—电极未保护区；5—熔池未保护区；6—熔池；7—电弧；8—保护气体；9—电极

4. 填丝速度

焊丝的填送速度与焊丝的直径、焊接电流、焊接速度、接头间隙等因素有关。一般焊丝直径大时，送丝速度慢；焊接电流、焊接速度接头间隙大时，送丝速度快。另外，焊丝直径与焊接板厚及接头间隙有关。当板厚及接头间隙大时，焊丝直径可选大一些。焊丝直径选择

不当可能造成焊缝成形不好、焊缝堆高过高或未焊透等缺陷。

5. 保护气体流量和喷嘴直径

保护气体流量和喷嘴直径的选择是影响气体保护效果的重要因素。气体流量 q 和喷嘴直径 D 与气体保护有效直径 $\overline{D}$ 之间的关系如图 4-3-4 所示。可见，无论是气体流量 q 或是喷嘴直径 D，在一定条件下，都有一个最佳值（M 点），也就是图中抛物线的最高点，在这个最佳值时，气体保护有效直径 $\overline{D}$ 最大，其保护效果最佳。

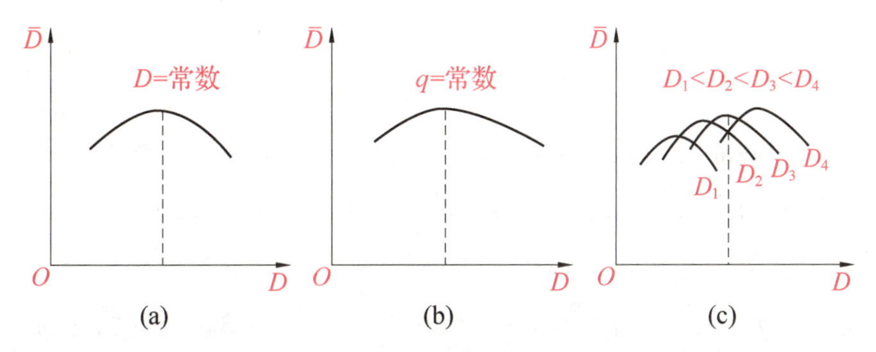

图 4-3-4　气体流量 q 和喷嘴内径 D 对气体保护效果的影响

（a）D 为常数，q 对 $\overline{D}$ 的影响；（b）q 为常数，D 对 $\overline{D}$ 的影响；（c）q 和 D 对 $\overline{D}$ 的综合影响

因此，为了获得良好的保护效果，必须使保护气体流量与喷嘴直径匹配。也就是说，对于一定直径的喷嘴，有一个获得最佳保护效果的气体流量，此时保护区范围最大，保护效果最好。如果喷嘴直径增大，气体流量也应随之增加才可得到良好的保护效果。

6. 钨极直径和形状

钨极直径的选择取决于焊件厚度、焊接电流的大小、电流种类和极性。原则上应尽可能选择小的钨极直径来承担所需要的焊接电流。此外，钨极的许用电流还与钨极的伸出长度及冷却程度有关，如果伸出长度较大或冷却条件不良，则许用电流将下降。一般钨极的伸出长度为 5～10 mm，如图 4-3-5 所示。

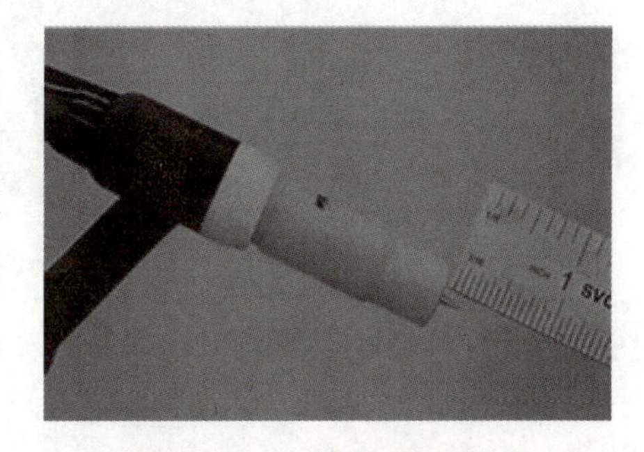

图 4-3-5　钨极伸出长度

在焊接过程中，每一项焊接参数都直接影响焊接质量，而且各参数之间又相互影响，相互制约。为了获得优质的焊缝，除注意各焊接参数对焊缝成形和焊接过程的影响外，还必须考虑各焊接参数的综合影响，即应使各项焊接参数合理匹配。

TIG 焊时，根据被焊材料的性质，先选定焊接电流的种类、极性和大小，然后选定钨极的种类和直径，再选定焊枪喷嘴直径和保护气体流量，最后确定焊接速度。在施焊的过程中还要根据情况适当地调整钨极伸出长度和焊枪与焊件相对的位置。TIG 焊工艺参数如表 4-3-1 所示。

表 4-3-1 TIG 焊工艺参数

板厚/mm	焊接层数	钨极直径/mm	焊丝直径/mm	焊接电流/A	氩气流量/(L·min^{-1})	喷嘴直径/mm	送丝速度/(cm·min^{-1})
1	1	0.5~1.0	1.6	110~130	5~6	8~10	—
2	1	1.2	1.6~2.0	130~160	12~24	8~10	108~117
3	1~2	1.6	2.4	160~220	14~18	10~14	108~117
4	1~2	2.0	2.0~3.0	220~260	14~18	10~14	117~125

另外，钨极直径和端部的形状也会影响电弧的稳定性和焊缝成形，因此 TIG 焊应根据焊接电流大小来确定钨极的形状。同时，钨极尖锥角的大小对焊缝熔深和熔宽也有一定的影响。

通常适当增加尖锥角，电弧热量集中，焊缝熔深增大，熔宽减小；反之，熔深减小，熔宽增大。钨极尖锥角对焊接的影响如图 4-3-6 所示。在焊接薄板或焊接电流较小时，为便于引弧和稳弧可选用小直径钨极，并磨成约 20°的尖锥角；大电流焊接时，应将电极前端磨成钝角或平底锥形，如图 4-3-7 所示，可使电弧弧柱扩散减小，对焊件加热集中。

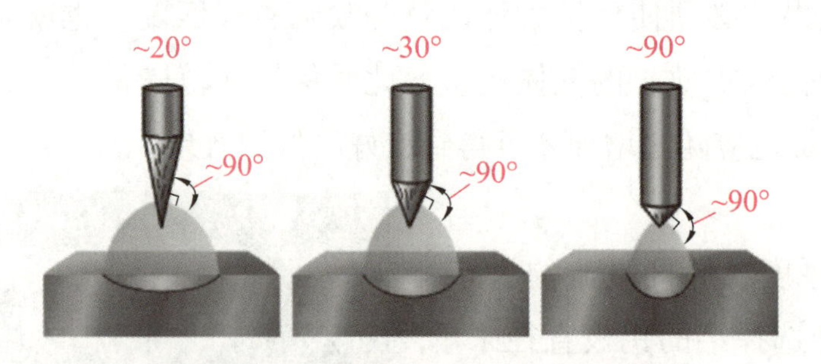

图 4-3-6 钨极尖锥角对焊接的影响

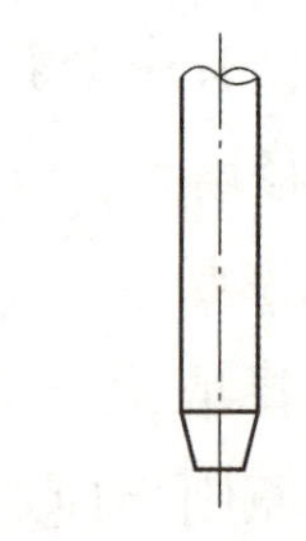
图 4-3-7 平底锥形

任务 1 氩弧焊薄板横焊

一、任务目标

知识要求：

（1）了解氩弧焊薄板横焊的焊前准备工作和试件装配；

（2）了解氩弧焊薄板横焊的焊接工艺参数选用原则；

（3）掌握氩弧焊薄板横焊焊缝质量检测及评定知识。

技能要求：

掌握氩弧焊薄板横焊的焊接操作方法及注意事项。

二、任务导入

在生产实践中，钨极氩弧焊多用于压力容器或输油、输气管道的环焊缝的打底焊，这种焊接方式可以实现在容器外面施焊而容器里面也能形成焊缝。本次焊接任务工件图如图 4-4-1 所示，要求能准确识读图样，并按照图样的技术要求完成工件焊接制作，掌握手工钨极氩弧焊薄板横焊的基本操作技能。

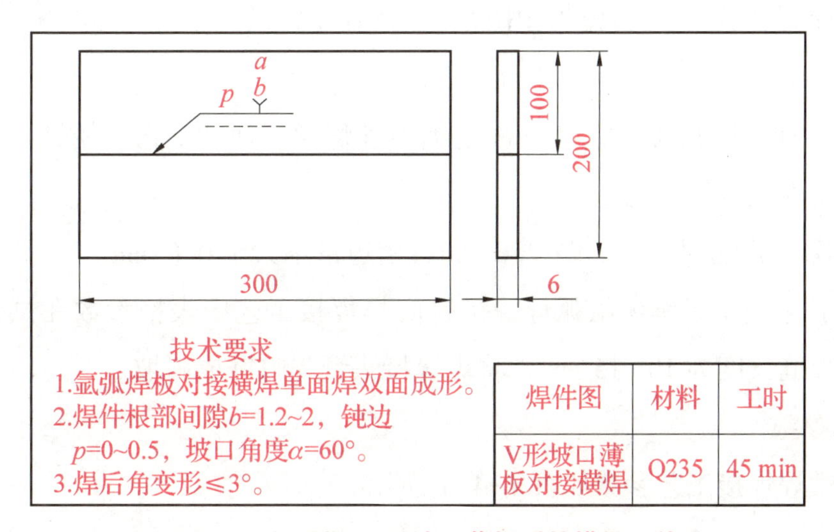

图 4-4-1 氩弧焊 V 形坡口薄板对接横焊工件图

三、任务分析

手工钨极氩弧焊主要应用于薄板焊接，本任务为 6 mm 薄板 V 形坡口板对接横焊，采用多层多道焊（打底层、填充层各一道，盖面层横向两道焊接）。

打底焊时，尽量采用短弧操作，填丝量要少，焊枪尽可能不摆动，当焊件间隙较小时，还可直接进行击穿焊接。焊丝填充要均匀，填充过快则焊缝余高大，填充过慢则焊缝下凹和咬边。此外，手工钨极氩弧焊是双手同时操作进行焊枪移动与送丝，只有双手要配合协调，才能保证焊缝的质量，这一点有别于焊条电弧焊。

四、任务实施

1. 焊前准备

（1）试件材料：Q235。

（2）试件尺寸及数量：300 mm×100 mm×6 mm，2 块。

（3）焊接要求：单面焊双面成形；焊缝根部间隙为 1.2~2.0 mm；钝边 0~0.5 mm；坡口

角度为 60°V 形坡口；焊后变形量≤3°。

（4）焊接材料：焊丝为 E49-1（H08Mn2SiA）。电极为铈钨极，为使电弧稳定，将其尖角磨成直径为 0.5 mm 的小平台，如图 4-4-2 所示。氩气纯度为 99.99%。

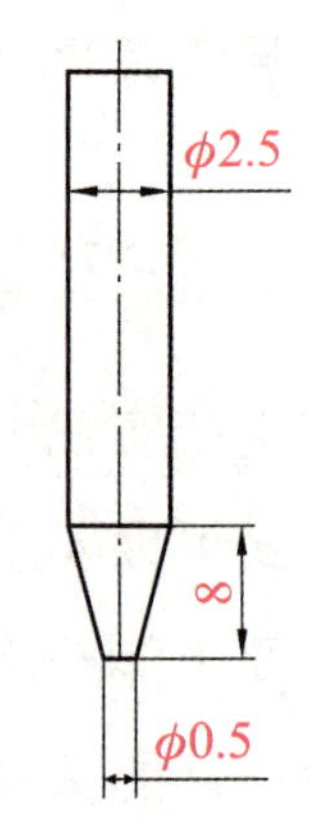

图 4-4-2 电极形状

（5）焊机：WSM-400 型，采用直流正接。使用前应检查焊机各处的接线是否正确、牢固、可靠，按要求调试好焊接工艺参数。同时，应检查氩弧焊水冷却系统和气冷却系统有无堵塞、泄漏，如发现故障应及时解决。

（6）按照安全操作要求，穿戴劳保用品，备齐辅助工具。

2. 试件装配

（1）清理：清理坡口及其两侧 30 mm 范围内和焊丝表面的油污、锈蚀、水分，直至露出金属光泽，然后用丙酮进行清洗。

（2）装配间隙：装配间隙为 1.2~2.0 mm，错边量不大于 0.6 mm。

（3）定位焊：采用手工钨极氩弧焊，按打底焊焊接工艺中表格参数在试件两端正面坡口内进行定位焊，焊缝长度为 10~15 mm，将焊缝接头预先打磨成斜坡。

3. 焊接工艺参数

氩弧焊薄板横焊焊接工艺参数如表 4-4-1 所示。

表 4-4-1 氩弧焊薄板横焊焊接工艺参数

焊缝层次	焊接电流 /A	电弧电压 /V	氩气流量 /（L·min^{-1}）	钨极直径 /mm	焊丝直径 /mm	钨极伸出长度/mm	喷嘴直径 /mm	喷嘴至工件距离/mm
打底焊	70~100	10~14	8~10	2.0	2.0~2.5	3~6	6~8	≤12
填充焊	90~100							
盖面焊	90~110							

4. 操作要点及注意事项

对接横焊是指对接接头处于垂直而接口处于水平位置的焊接操作，其特点是熔化金属在自重的作用下容易下淌，并且在焊缝上侧易出现咬边，下侧易出现下坠而造成未熔合和焊瘤等缺陷。因此，为了克服重力的影响，应采用较小的焊丝直径、较小的焊接电流和多层多道焊等工艺措施，同时通过焊枪与填丝的配合，以获得良好的焊缝成形。横焊时，坡口下侧对溶池有依托作用，在坡口上侧有较好的吸附液态金属的作用，这对单面焊双面成形是非常有用的。如果参数选择合理，操作得当，则背面焊缝成形十分美观。

1）打底焊

手工钨极氩弧焊打底焊通常采用左向焊法，故将试件装配间隙大端放在左侧，焊件垂直

固定，坡口在水平位置。在焊件右端定位焊处引弧，先不加焊丝，焊枪在右端定位焊缝处稍停留，待形成熔池和熔孔后，再填丝向左焊接。焊枪小幅度锯齿形摆动，在坡口两侧稍停留。

2）填充焊

填充焊按表 4-4-1 中填充层焊接工艺参数调节好设备，进行填充层焊接，除焊枪摆动幅度稍加大外，其操作与打底层相同。焊接操作过程中应注意在坡口两侧使电弧稍作停顿，保证坡口两侧熔合好，焊道均匀，但不可将坡口棱边熔化。

熄弧应采用反复点焊法收弧（或打开焊机的收弧功能开关，以小电流缓慢收弧，可避免弧坑）。焊缝接头每次重新引弧时，先将原焊缝收尾处重新熔化 5~10 mm，形成熔池后，再进行加丝焊接，避免接头处熔合不良。

填充层的焊道焊完后应比焊件表面低 1.0~1.5 mm，以免坡口边缘熔化导致盖面层产生咬边或焊偏现象，焊完后将焊道表面清理干净。

3）盖面焊

按表 4-4-1 中盖面层焊接工艺参数调节好设备，其操作与填充层基本相同，横向两道完成焊接。

先将填充焊缝清理后，开始焊接。第一道焊缝注意将坡口的下棱边熔合，第二道（最后一道）焊缝注意将坡口上棱边熔合，焊缝的焊接速度更快，增加送丝频率，减少送丝量。焊接过程中焊枪移动与送丝相配合，避免上坡口出现咬边缺陷。盖面层焊接时应使溶池上下边缘超过坡口棱边 0.5~1.5 mm 为宜。盖面层焊接如有接头，应彼此错开，错开的距离应不小于 30 mm。

焊接结束后，关闭焊机、气源，用钢丝刷清理焊缝表面，检测焊缝质量。

五、任务评价

1. 焊接综合评价

（1）焊丝规格选择正确，装配定位规范。

（2）焊接工艺参数选用得当。

（3）操作姿势正确，引弧顺利，收弧无缺陷。

（4）单面焊双面成形技术熟练，焊缝反面及正面成形良好。

（5）安全操作规范到位。

2. 焊接评分标准

用肉眼观察或用低倍放大镜检查焊缝表面是否有气孔、裂纹、咬边等缺陷。用焊缝量尺测量焊缝外观成形尺寸。氩弧焊薄板横焊评分标准如表 4-4-2 所示。

表 4-4-2 氩弧焊薄板横焊评分标准

序号	考核项目	考核要求	配分	评分标准	得分
1	焊缝外观质量	表面无裂纹	5	有裂纹不得分	
2		无烧穿	5	有烧穿不得分	
3		无焊瘤	8	每处焊瘤扣 0.5 分	
4		无气孔	5	每个气孔扣 0.5 分，直径大于 1.5 mm 不得分	
5		无咬边	7	深度大于 0.5 mm，累计长 15 mm，扣 1 分	
6		无夹渣	7	每处夹渣扣 0.5 分	
7		无未熔合	7	未熔合累计长 10 mm，扣 1 分	
8		焊缝起头、接头、收尾无缺陷	8	起头收尾过高，接头脱节每处扣 1 分	
9		焊缝宽度不均匀不大于 3 mm	7	焊缝宽度变化大于 3 mm，累计长 30 mm，不得分	
10		焊件上非焊道处不得有引弧痕迹	5	有引弧痕迹不得分	
11	焊缝内部质量	焊缝内部无气孔、夹渣、未熔透、裂纹	10	Ⅰ级片不扣分，Ⅱ级片扣 5 分，Ⅲ级片扣 8 分，Ⅳ级片扣 10 分	
12	焊缝外形尺寸	焊缝宽度比坡口每侧增宽 0~2.5 mm，宽度差不大于 3 mm	8	每超差 1 mm，累计长 20 mm，扣 1 分	
13		焊缝余高差不大于 2 mm	8	每超差 1 mm，累计长 20 mm，扣 1 分	
14	焊后变形错位	角度变形不大于 2°	5	超差不得分	
15		错位量不大于 1/10 板厚	5	超差不得分	
16	安全生产	违反规定得 0 分			
17	总分		100	总得分	
考试计时：自 时 分至 时 分止					

六、任务拓展

问题 1：手工钨极氩弧焊时，如何选择电源极性？

问题 2：手工钨极氩弧焊焊接工艺参数有哪些？

任务2 氩弧焊摇把焊

一、任务目标

知识要求：

（1）掌握氩弧焊摇把焊的焊前准备工作；

（2）了解摇把鱼鳞焊的形成原理及应用范围；

（3）掌握氩弧焊摇把焊的运把方法和送丝方法。

技能要求：

掌握氩弧焊摇把焊引弧、焊接及熄弧操作，多层多道焊（三层三道焊）完成鱼鳞焊焊缝成形。

二、任务导入

氩弧焊适用范围广，几乎可以焊接所有金属材料，特别适用于焊接化学成分活泼的金属和合金。本次焊接任务工件图如图 4-5-1 所示，要求能准确识读图样，并按照图样的技术要求完成工件焊接制作，掌握手工钨极氩弧焊摇把焊的基本操作技能。

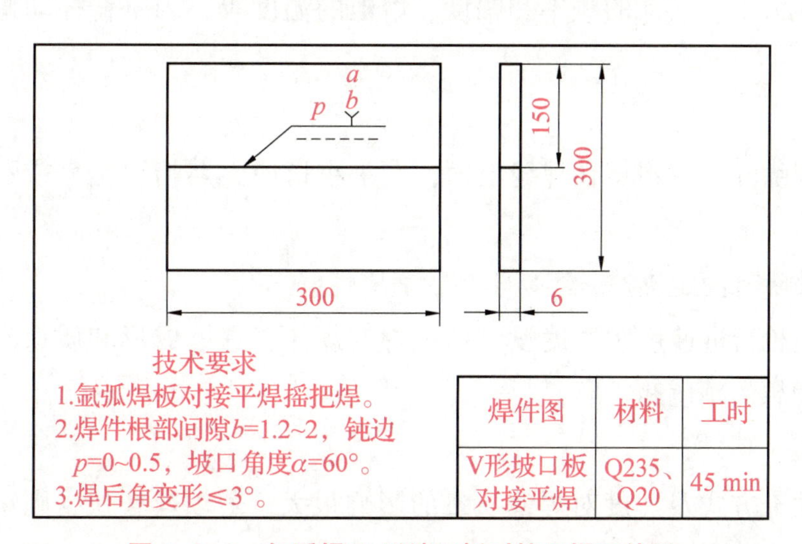

焊件图	材料	工时
V形坡口板对接平焊	Q235、Q20	45 min

图 4-5-1　氩弧焊 V 形坡口板对接平焊工件图

三、任务分析

1. 运把方法

按照运把方法的不同，可将手工钨极氩弧焊分为摇把焊和拖把焊两种。

1）摇把焊

摇把焊俗称鱼鳞焊，焊接时把焊嘴稍用力压在焊缝表面，利用手腕和手臂有规律、有幅度的摇动，以控制焊枪的左右和上下摇摆幅度，如图 4-5-2 所示。焊缝成形美观，颜色亮白或金黄（有时泛蓝），成形就像鱼鳞一样，如图 4-5-3 所示。

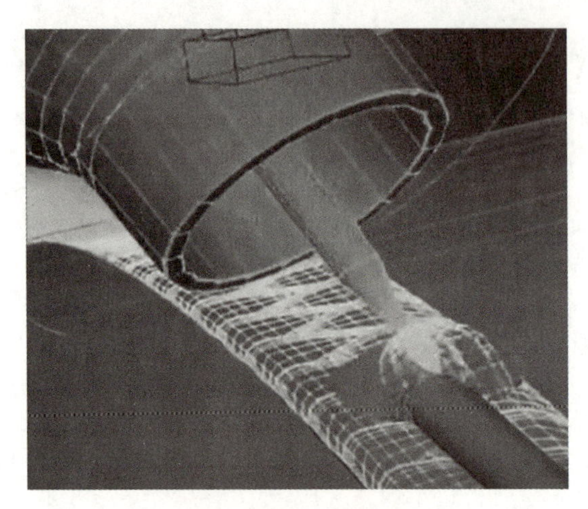

图 4-5-2　摇把焊

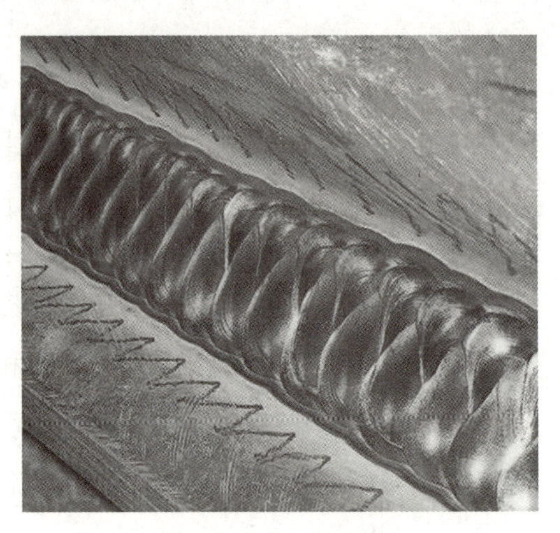

图 4-5-3　鱼鳞纹

优点：因为焊嘴压在焊缝上，所以焊把在运行过程中能够保持稳定，焊缝保护效果好，质量好，外观成形非常漂亮，产品合格率高。非常适用于板材仰焊、管全位置焊等工作场景，特别是焊接不锈钢时可以得到非常漂亮的外观颜色与成形。

缺点：技能掌握较困难，对焊工的肢体协调能力要求比较高，摇把运枪过程中，要均衡匹配和使用焊枪的力度、摇动的频率和幅度、熔池的温度等，因手臂摇动幅度大，所以无法在有障碍处施焊。

2）拖把焊

拖把焊时，焊嘴轻靠或不靠在焊缝上面，右手小指或无名指也是靠或不靠在工件上，手臂摆动小。

优点：焊枪喷嘴有固定支撑，容易学会，适应性好。

缺点：焊枪运枪行进速度和宽度没有摇把焊有规律，焊缝成形和质量没摇把焊好，焊不锈钢时较难得到理想的颜色和成形。

2. 送丝的方法

焊丝的送丝填充方式及速度对焊缝质量的影响很大。若填丝较快，则熔池易堆高，产生熔合不良；若填丝较慢，则熔池易出现咬边或下凹。所以，填丝的速度要根据焊接过程中熔池的温度、形状和大小适度添加，送丝时要注意手指的相互配合。

常用的送丝手法有断续送丝法与连续送丝法两种。在管道焊接的应用中，根据焊丝所在位置的不同，送丝方法又分为外填丝和内填丝两种。

1）外填丝

外填丝时，焊丝头在坡口外表面，可用较大的电流焊接。一只手捏焊丝，送进熔池进行焊接，另一只手持枪进行摇摆焊接，可以用于打底和填充。其坡口间隙要求较小或没有间隙。

优点：因为电流大、间隙小，所以生产效率高，焊丝熔化状态容易观察和控制，操作技能相对容易掌握。

缺点：用于打底焊时，因为操作者无法观察焊缝反面余高熔化状态，所以有时候会产生未熔合、未焊透等缺陷，得不到理想的反面均匀成形。

2）内填丝

内填丝时，焊丝头在坡口内反面（管内部），多用于打底焊。焊接过程中用一只手的拇指、食指或中指配合送丝动作，小指和无名指夹住焊丝控制方向。其焊丝则紧贴坡口内侧钝边处，与钝边一起熔化进行焊接，要求坡口间隙大于焊丝直径（板材焊接时可将焊丝弯成弧形）。

优点：可较清晰地看到钝边和焊丝的熔化情况，焊缝熔合好。反面余高和未熔合可得到很好的控制，得到理想的反面均匀成形。

缺点：操作难度大，要求焊工有较为熟练的操作技能。间隙较大导致电流偏低，工作效率较低。

四、任务实施

1. 焊前准备

（1）试件材料：Q235。

（2）试件尺寸和数量：300 mm×150 mm×6 mm，2 块。

（3）焊接要求：运用摇把的手法进行焊接；焊缝根部间隙为 1. 2～2. 0 mm；钝边 0～0. 5 mm，坡口角度为 60°V 形坡口，尺寸如图 4-5-4 所示；焊后变形量≤3°。

（4）焊接材料：焊丝为 E49-1。电极为铈钨极，为使电弧稳定，将其尖角磨成直径为 0. 5 mm 的小平台，如图 4-5-5 所示。氩气纯度为 99. 99%。

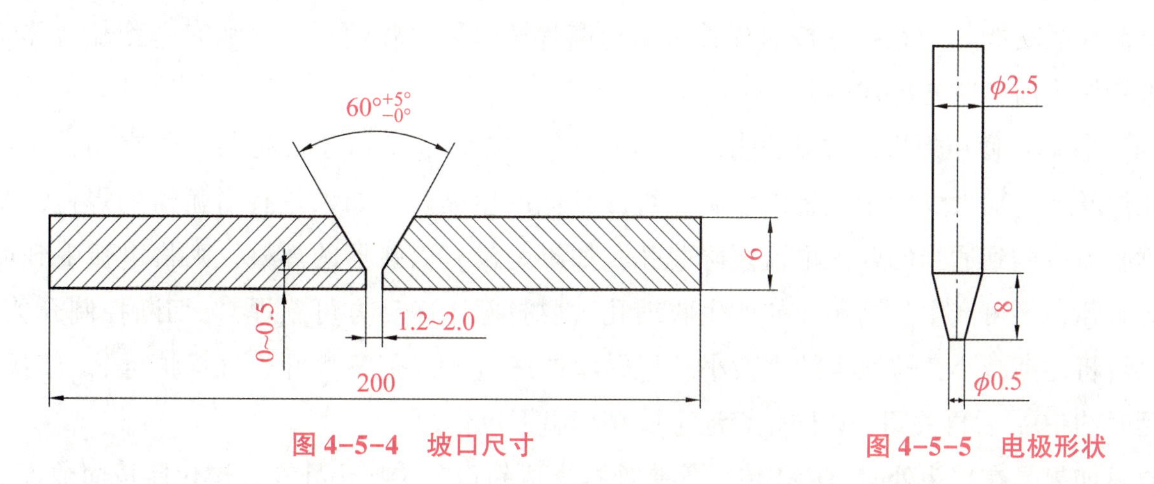

图 4-5-4　坡口尺寸　　　　图 4-5-5　电极形状

（5）焊机：WSM-400 型，采用直流正接。使用前应检查焊机各处的接线是否正确、牢固、可靠，按要求调试好焊接工艺参数，检查气瓶气体。同时，应检查水冷却系统和气冷却系统有无堵塞、泄漏，如发现故障应及时解决。

焊接工艺参数如表 4-5-1 所示。

表 4-5-1　焊接工艺参数

焊接电流 /A	电弧电压 /V	氩气流量 /(L·min^{-1})	钨极直径 /mm	焊丝直径 /mm	钨极伸出长度/mm	喷嘴直径 /mm	喷嘴至工件距离/mm
80~100	10~14	8~10	2.5	2.5	4~6	8~10	≤12

2. 试件装配

清理试件焊接范围内和焊丝表面的油污、锈蚀、水分，直至露出金属光泽。

3. 多层多道焊接

采用三层三道焊，打底、填充、盖面各一道完成焊接。

(1) 引弧：在试件右端定位焊缝上引弧。引弧时采用较长的电弧（弧长为4~7 mm），在坡口处预热 4~5 s。当定位焊缝左端形成熔池并出现熔孔后开始送丝。

(2) 焊接：电弧引燃后要在焊件开始的地方预热 3~5 s，形成熔池后开始送丝。焊接时，焊丝、焊枪角度要合适；焊枪向前移动要平稳，左右摆动时两边稍慢、中间稍快；焊接打底层时，采用较小的焊枪倾角和较小的焊接电流；焊丝送入要均匀，焊枪移动要平稳、速度一致；要密切注意焊接熔池的变化，随时调节有关工艺参数，保证背面焊缝成形良好。当熔池大、焊缝变宽且不出现下凹时，说明熔池温度过高，应减小焊枪与焊件夹角，加快焊接速度；当熔池减小时，说明熔池温度过低，应增加焊枪与焊件夹角，减慢焊接速度。

当熔池熔合不好和送丝有送不动的感觉时，要降低焊接速度或加大焊接电流。如果是打底焊，目光应集中在坡口的两侧钝边处，眼角的余光在缝的反面，注意其余高的变化。

(3) 接头：当更换焊丝或暂停焊接时需要接头。这时，松开焊枪上按钮开关，停止送丝，借焊机电流衰减熄弧，但焊枪仍需对准熔池进行保护，待其完全冷却后方能移开焊枪。若焊机无电流衰减功能，应在松开按钮开关后稍抬高焊枪，等电弧熄灭、熔池完全冷却后移开焊枪。进行接头前，应先检查接头。

(4) 收弧：使用焊机的收弧功能，当焊至试件末端时，应减小焊枪与试件夹角，使热量集中在焊丝上，加大焊丝熔化量以填满弧坑，避免产生缩孔。如果是有引弧器的焊机，要采用断续收弧或调到适当的收弧电流缓降收弧；如果是没有引弧器的焊机，则将电弧引到坡口的一边收弧，不可产生收缩孔（如产生收缩孔则要打磨干净后方可施焊）。切断控制开关后，焊接电流将逐渐减小，熔池也随之减小，将焊丝抽离电弧（但不离开氩气保护区）。停弧后，氩气延时约 10 s 后再关闭，以防止熔池金属在高温下氧化。

收弧如果是在接头处时，应先将待接头处打磨成斜口，待接头处充分熔化后再向前焊 10~20 mm 再缓慢收弧，不可产生缩孔。

特别提示：在生产中经常看见接头不打磨成斜口，直接加长接头处焊接时间进行接头，

这是很不好的习惯，这样接头处容易产生内凹、接头未熔合和反面脱节等缺陷，影响成形美观，如是高合金材料还很容易产生裂纹。

五、任务评价

1. 焊接综合评价

（1）焊丝规格选择正确，装配定位规范。

（2）焊接工艺参数选用得当。

（3）操作姿势正确，引弧顺利，收弧无缺陷。

（4）单面焊双面成形技术熟练，焊缝反面成形良好，正面形成良好的鱼鳞纹成形。

（5）安全操作规范到位。

2. 焊接评分标准

用肉眼观察或用低倍放大镜检查焊缝表面是否有气孔、裂纹、咬边等缺陷。用焊缝量尺测量焊缝外观成形尺寸。氩弧焊摇把焊评分标准如表 4-5-2 所示。

表 4-5-2　氩弧焊摇把焊评分标准

序号	考核项目	考核要求	配分	评分标准	得分
1	焊缝外观质量	表面无裂纹	5	有裂纹不得分	
2		无烧穿	5	有烧穿不得分	
3		无焊瘤	8	每处焊瘤扣 0.5 分	
4		无气孔	5	每个气孔扣 0.5 分，直径大于 1.5 mm 不得分	
5		无咬边	7	深度大于 0.5 mm，累计长 15 mm，扣 1 分	
6		无夹渣	7	每处夹渣扣 0.5 分	
7		无未熔合	7	未熔合累计长 10 mm，扣 1 分	
8		焊缝起头、接头、收尾无缺陷	8	起头收尾过高，接头脱节每处扣 1 分	
9		焊缝宽度不均匀不大于 3 mm	7	焊缝宽度变化大于 3 mm，累计长 30 mm，不得分	
10		焊件上非焊道处不得有引弧痕迹	5	有引弧痕迹不得分	
11	焊缝内部质量	焊缝内部无气孔、夹渣、未熔透、裂纹	10	Ⅰ级片不扣分，Ⅱ级片扣 5 分，Ⅲ级片扣 8 分，Ⅳ级片扣 10 分	

续表

序号	考核项目	考核要求	配分	评分标准	得分
12	焊缝外形尺寸	焊缝宽度比坡口每侧增宽 0~2.5 mm，宽度差不大于 3 mm	8	每超差 1 mm，累计长 20 mm，扣 1 分	
13		焊缝余高差不大于 2 mm	8	每超差 1 mm，累计长 20 mm，扣 1 分	
14	焊后变形错位	角度变形不大于 5°	5	超差不得分	
15		错位量不大于 1/10 板厚	5	超差不得分	
16	安全生产	违反规定得 0 分			
17	总分		100	总得分	
考试计时：自　　时　　分至　　时　　分止					

六、任务拓展

问题 1：手工钨极氩弧焊摇把焊的优点及应用范围有哪些？

问题 2：手工钨极氩弧焊收弧有哪些注意事项？

模块五

气　焊

前情提要

气焊是利用可燃气体与助燃气体混合燃烧所释放出的热量，进行金属焊接的工艺方法。至今，气焊已有百余年的历史。1895 年，人们发明了电炉制造电石技术，并发现乙炔（C_2H_2）和氧气燃烧，温度可达 3 200 ℃。几经改进，于 1903 年氧乙炔火焰气焊才用于金属的焊接。从此，气焊在工业生产中逐步被推广应用。

气焊具有设备简单、不需电源、操作方便、成本低、应用广泛等特点。因此，气焊技术常用于薄钢板和低熔点材料（有色金属及其合金）、铸铁件、硬质合金刀具等的焊接，以及磨损零件的补焊等。此外，还可利用氧乙炔焰进行火焰钎焊及结构变形的矫正等。

学习目标

（1）了解气焊的特点及应用范围，理解气焊的基本原理。

（2）学习中性焰、碳化焰、氧化焰的调节方法。

（3）掌握管对接水平转动气焊的技术要求及操作要领。

（4）掌握碳钢四方盒（角平焊、角立焊）的气焊焊接工艺。

知识单元1 气焊原理

一、气焊的基本原理

气焊是利用可燃气体与助燃气体，通过焊炬进行混合后喷出，经点燃而发生剧烈的燃烧，以此燃烧所产生的热量去熔化工件接头部位的母材和焊丝而达到金属牢固连接的方法。

1. 气焊的设备和工具

气焊设备包括乙炔气瓶、氧气瓶、减压器、回火保险器、焊炬、气焊丝和气焊熔剂等，如图5-1-1所示。

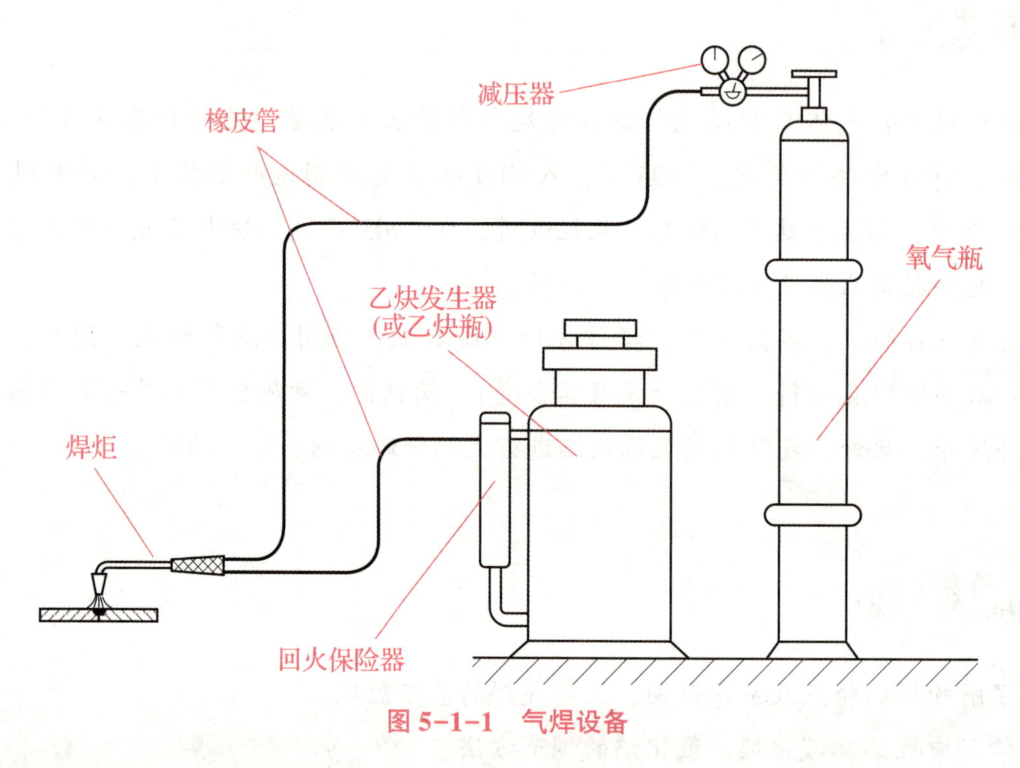

图5-1-1 气焊设备

1）乙炔气瓶

乙炔气瓶是指储运乙炔的装有填料的特制压力容器，外形与氧气瓶相近，表面涂以白色，并用红油漆写上“乙炔”字样，如图5-1-2所示。乙炔气瓶内装有浸入丙酮的多孔填料，使乙炔能安全地储存在瓶内。使用时，溶解在丙酮内的乙炔变为气体分离出来，而丙酮仍留在瓶内，以便再次充入乙炔使用。

乙炔为易燃易爆物质，因此乙炔气瓶在使用时应注意：

（1）乙炔气瓶应根据有关规定补足丙酮，同时不能过量；

（2）根据丙酮量确定乙炔充装量，严格控制充装速度，严禁过量充装；

（3）使用经检验合格的乙炔气瓶。

2）氧气瓶

氧气瓶是贮存和运输高压氧气的容器。瓶体漆成天蓝色，并漆有“氧气”黑色字样，如图 5-1-3 所示。氧气瓶容量一般为 40 L，额定工作压力为 15 MPa，因此，每瓶可装 1 个大气压下的氧气 6 000 L。必须正确地保管和使用氧气瓶，否则会有爆炸的危险。禁止将氧气瓶和乙炔瓶以及其他可燃气瓶、易爆易燃物品放在一起，不得同车运输。禁止氧气瓶接触油脂，以免引起自燃。

操作中氧气瓶距离乙炔发生器、明火或热源应大于 5 m。气瓶阀是用来开闭氧气的阀门。

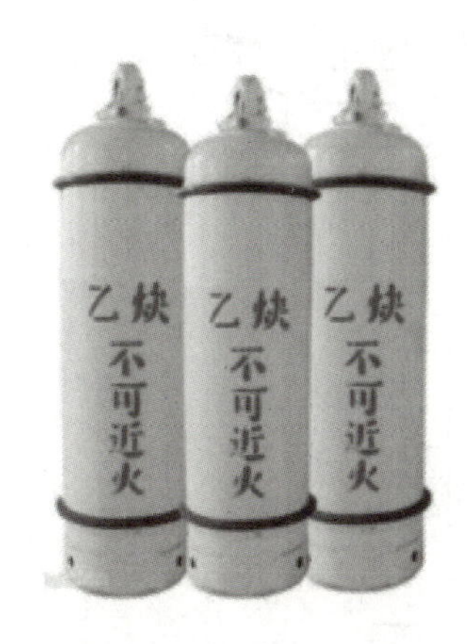

图 5-1-2　乙炔气瓶

图 5-1-3　氧气瓶

3）减压器

减压器一般是瓶装气体的减压装置，如图 5-1-4 所示。当进口压力和出口流量发生变化时，可保证其出口压力始终维持稳定。低压表读数上升可能预示潜在危险和隐患。

减压器工作时，应按顺时针方向将调压螺钉旋入，压缩调压弹簧，顶开活门，高压气体经通道进入低压室。随着低压室内气体压力的增加，压迫薄膜及调压弹簧，使活门开启度逐渐减小。当低压室内气体压力达到一定数值时，又会将活门关闭，低压表指示出减压后气体的压力。控制调节螺钉，可改变低压室的压力，获得所需的工作压力。减压器内部结构如图 5-1-5 所示。

图 5-1-4　减压器

4）回火保险器

正常气焊时，火焰在焊炬的焊嘴外面燃烧，当气体供应不足或管路焊嘴阻塞等情况时，火焰会进入喷嘴沿着乙炔管路向里燃烧，这种现象称为回火。如果回火蔓延到乙炔发生器，就可能引起爆炸事故。回火保险器就是装在燃料气体系统上的防止回火的保险装置，一般有水封式与干式两种。

其中，干式回火保险器内部结构如图 5-1-6 所示，当回火时，高温高压的回火气体从出气口倒流入回火保险器里，活门关闭，防爆橡皮膜泄压后排入大气。

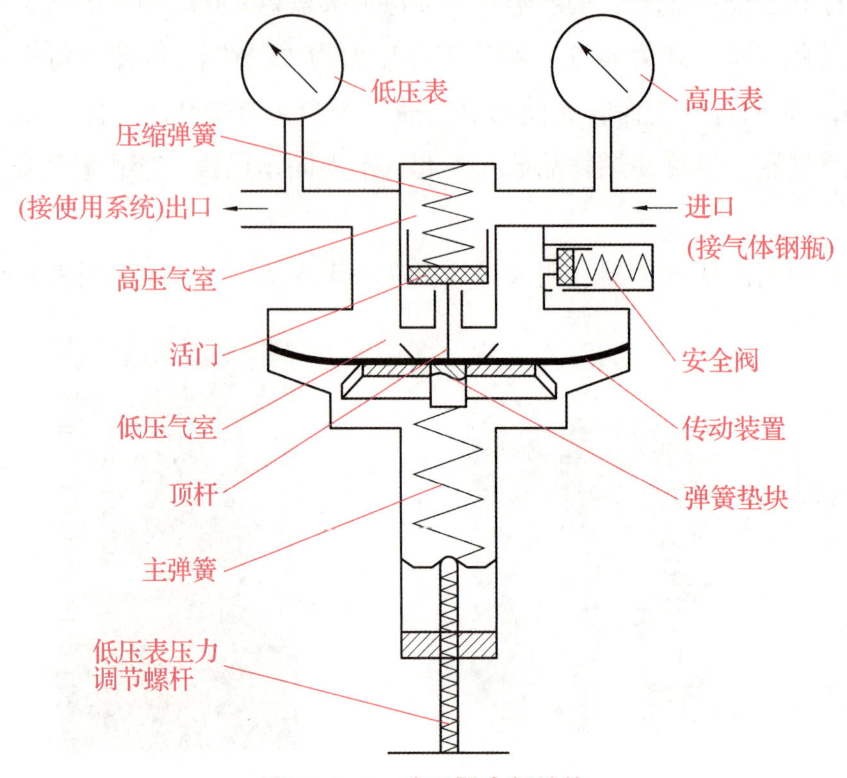

图 5-1-5 减压器内部结构

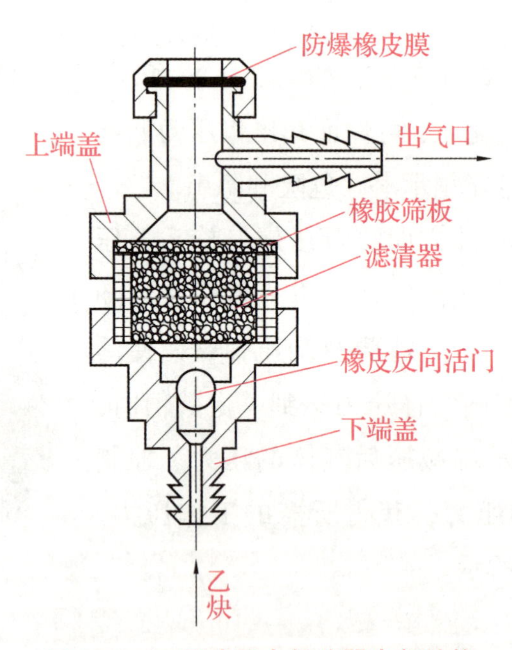

图 5-1-6 干式回火保险器内部结构

5）焊炬

焊炬是气焊时用于控制气体混合比、流量及火焰并进行焊接的工具。射吸式焊炬的构造原理如图 5-1-7 所示。氧气从喷嘴以很高的速度射入射吸管，将低压乙炔吸入射吸管。

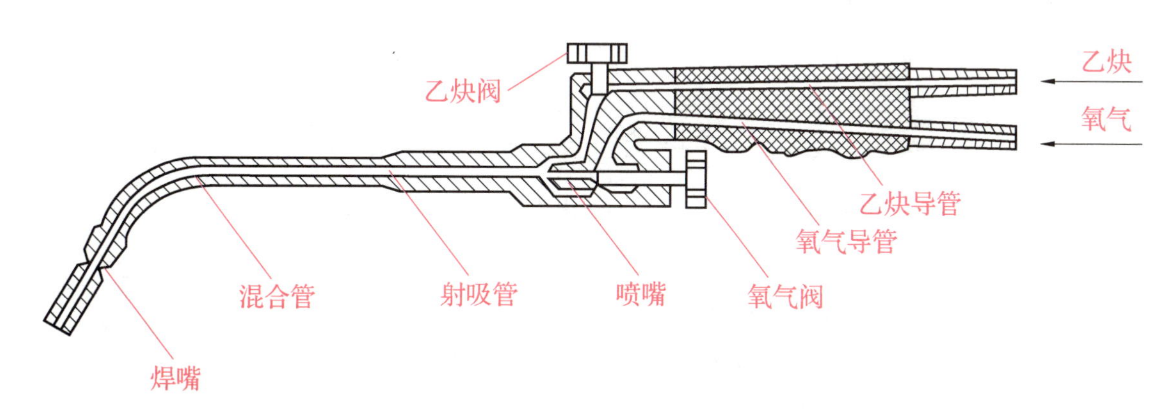

图 5-1-7　射吸式焊炬构造原理

6）气焊丝

气焊丝起填充金属的作用，焊接时与熔化的母材一起组成焊缝金属。气焊丝实物如图 5-1-8 所示。常用的气焊丝有碳素结构钢焊丝、合金结构钢焊丝、不锈钢焊丝、铜及铜合金焊丝、铝及铝合金焊丝、铸铁焊丝等。在气焊过程中，气焊丝的正确选用十分重要，应根据工件的化学成分、机械性能选用相应成分或性能的焊丝，有时也可用被焊板材上切下的条料做焊丝。

图 5-1-8　气焊丝实物

7）气焊熔剂（焊粉）

为了防止金属的氧化以及消除已经形成的氧化物和其他杂质，在焊接有色金属材料时，必须采用气焊熔剂。气焊熔剂实物如图 5-1-9 所示。常用的气焊熔剂有不锈钢及耐热钢气焊熔剂、铸铁气焊熔剂、铜气焊熔剂、铝气焊熔剂。气焊时，熔剂的选择要根据焊件的成分及其性质而定。

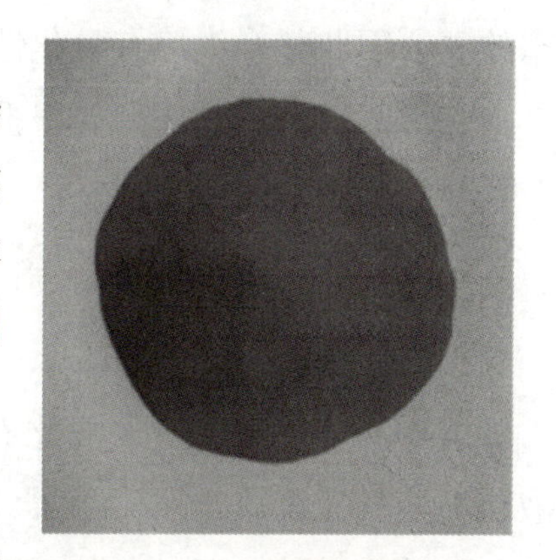

图 5-1-9　气焊熔剂实物

2. 常用的气体及氧乙炔焰

气焊使用的气体包括助燃气体和可燃气体。助燃气体是氧气；可燃气体有乙炔、液化石油气和氢气等。乙炔与氧气混合燃烧的火焰叫做氧乙炔焰。按氧与乙炔的不同比值，可将氧乙炔焰分为中性焰、碳化焰（也叫还原焰）和氧化焰 3 种。氧乙炔焰的类型如图 5-1-10 所示，形貌示意图如图 5-1-11 所示。

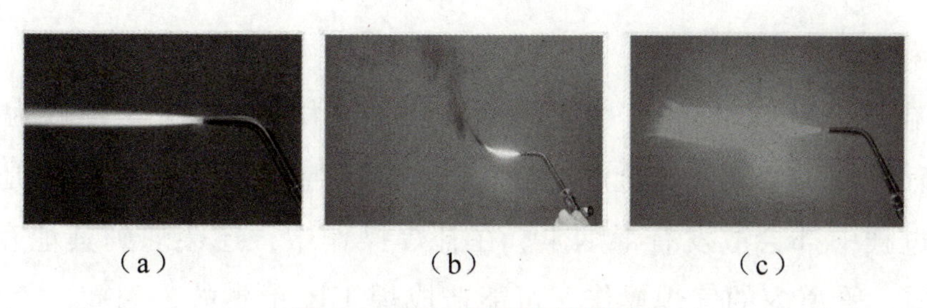

图 5-1-10　氧乙炔焰类型

（a）中性焰；（b）碳化焰；（c）氧化焰

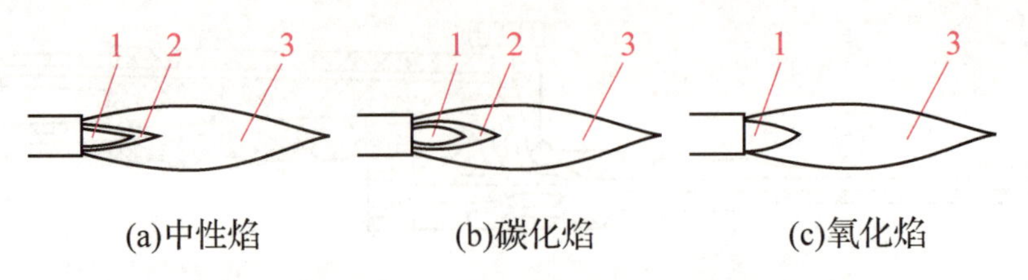

图 5-1-11 氧乙炔焰形貌示意图

（a）中性焰；（b）碳化焰；（c）氧化焰

1—焰芯；2—内焰；3—外焰

（1）中性焰。中性焰燃烧后无过剩的氧和乙炔，它由焰芯、内焰和外焰三部分组成，但内焰和外焰没有明显的界限，只从颜色上可略加区别。焰芯呈尖锥形，色白而明亮，轮廓清楚；离焰芯尖端 2～4 mm 处化学反应最激烈，因此温度最高，为 3 100 ℃～3 200 ℃；内焰呈蓝白色，有深蓝色线条；外焰的颜色从里向外由淡紫色变为橙黄色。

（2）碳化焰。碳化焰燃烧后的气体中尚有部分乙炔未燃烧，它的最高温度为 2 700 ℃～3 000 ℃，火焰明显，分为焰芯、内焰和外焰三部分。

（3）氧化焰。氧化焰中有过量的氧。由于氧化焰在燃烧中氧的浓度极大，氧化反应又非常剧烈，因此焰芯、内焰和外焰都缩短，而且内焰和外焰的层次极为不清，我们可以把氧化焰看作由焰芯和外焰两部分组成。它的最高温度可达 3100 ℃～3300 ℃。由于火焰中有游离状态的氧，因此整个火焰有氧化性。

气焊时，火焰的选择要根据焊接材料而定。

二、气焊的安全特点

1. 火灾、爆炸和灼烫

气焊所应用的乙炔、液化石油气、氢气和氧气等都是易燃易爆气体；氧气瓶、乙炔瓶、液化石油气瓶都属于压力容器。在焊补燃料容器和管道时，还会遇到许多其他易燃易爆气体及各种压力容器，同时又使用明火，如果设备和安全装置有故障或者操作人员违反安全操作规程等，都有可能造成爆炸和火灾事故。

在气焊的火焰作用下，氧气射流的喷射使火星、熔珠和铁渣四处飞溅，容易造成灼烫事故。较大的熔珠和铁渣能引着易燃易爆物品，造成火灾和爆炸。因此，防火防爆是气焊的主要任务。

2. 金属烟尘和有毒气体

气焊的火焰温度在 3000 ℃以上，被焊金属在高温作用下蒸发、冷凝成为金属烟尘。在焊接铝、镁、铜等有色金属及其他合金时，除了这些有毒金属烟尘外，焊粉还散发出燃烧物；黄铜、铅的焊接过程中都会散发有毒烟尘。在补焊操作中，还会遇到其他有毒和有害气体；尤其是在密闭容器、管道内的气焊操作，可能造成焊工中毒事故。因此，气焊时的安全防护十分重要。

3. 气焊注意事项

（1）操作时必须穿戴好工作服，戴好手套和防护镜。

（2）焊前应检查焊嘴、割嘴是否有堵塞，橡胶管是否漏气等。

（3）若发现减压器有损坏、漏气或其他事故，应立即检修。

（4）各安全阀要经常检查。

（5）点火前要将乙炔管路中的空气排尽，严防回火。

（6）在狭窄处或密闭式容器内使用时，须有良好通风。

（7）打开气瓶阀门前，应检查仪表、管路、焊炬（割炬）是否存在故障。

（8）依材料的性质、厚度控制气体压力，乙炔使用压力应小于 0.15 MPa，氧气压力控制在 0.2~0.6 MPa。

（9）焊接前，必须检查所用的设备和工具是否符合安全要求。

（10）严禁油污接触氧气瓶和气焊工具。

（11）禁止氧气瓶、乙炔发生器放在强烈阳光下暴晒以及接近火源、热源和电闸箱，以免引起爆炸事故。

（12）不要让油脂与焊枪口、氧气瓶及其减压阀等接触，以免发生火灾。

（13）氧气瓶横放时，应将瓶嘴垫高，不宜平放，更不可倒置。乙炔瓶工作时应直立放置，不准倾斜使用，不得摇动或碰撞。

（14）搬运时，应用手推小车，禁止在地面上拖拉和滚动，以免发生撞击事故。

（15）乙炔瓶与氧气瓶隔离距离以及与明火距离不应小于 10 m，气瓶附近禁止吸烟。

（16）气焊与电焊不得在一个场地内近距离施工，至少离开 10 m。

（17）乙炔发生器、氧气瓶和焊枪三者的距离不得小于 10 m。

（18）试验工具设备是否漏气时，应用肥皂水或清水试验，禁止使用火焰试验。

（19）点燃时，应先开焊枪上的乙炔阀点火，然后再开氧气阀调整火焰。不要用邻近焊枪的火焰点燃自己的焊枪。

（20）发生回火时，应立即关氧气阀，再关乙炔阀，如来不及关闭，可将乙炔皮管拔掉。

（21）焊接中，如焊枪发出爆炸声音或感到有振动时，应立即关闭氧气阀和乙炔阀，待其冷却后方可继续工作。

（22）不要用拿着焊枪或焊条的手移动铁板或眼镜。

（23）乙炔瓶体表面温度不得高于 40 ℃，应置于阴凉通风处存放使用。

（24）发现乙炔发生器产生高温时，应立即停止工作；发现乙炔发生器燃烧时，应立即把乙炔发生器朝安全方向放倒，并用黄砂扑灭火种。

（25）乙炔管和氧气管要整齐，使用后要盘好挂起，防止扎坏、压坏。

（26）结束作业时，必须关紧有关阀门并放松调压阀，确认场地安全无火种后整理场地，保持整洁。

知识单元 2 气焊工艺及操作

一、气焊接头形式及坡口

气焊常用的接头形式有对接接头、卷边接头、角接接头和卷边角接接头，如图 5-2-1 所示，搭接和 T 形接头用得少。由于适宜用气焊的工件厚度不大，因此气焊的坡口形式一般为 I 形坡口和 V 形坡口。

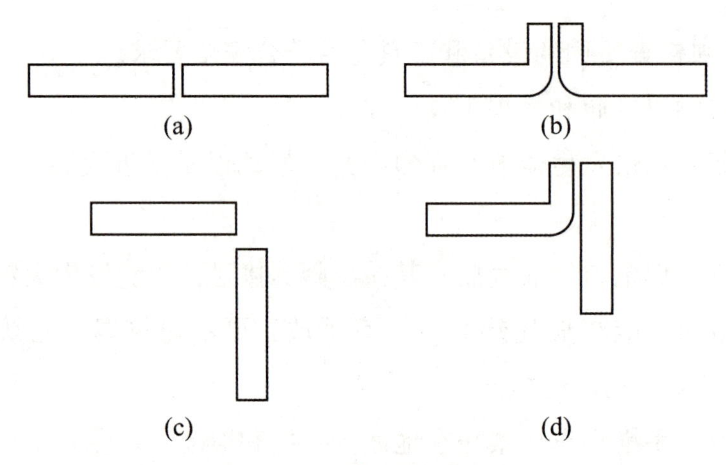

图 5-2-1 气焊接头形式

（a）对接接头；（b）卷边接头；（c）角接接头；（d）卷边角接接头

二、焊前准备

（1）清除工件表面，可用喷砂或直接用气焊火焰烘烤后再用钢丝刷处理。

（2）清除焊丝及工件接头处表面的氧化物、铁锈、油污等。

三、气焊工艺参数的选择

1. 焊丝直径

焊丝直径主要根据焊件的厚度选择。一般焊丝直径的选择如表 5-2-1 所示。

表 5-2-1 焊丝直径的选择 mm

工件厚度	1.0~2.0	2.0~3.0	3.0~5.0	5.0~10	10~15
焊丝直径	1.0~2.0 或不用焊丝	2.0~3.0	3.0~4.0	4.0~5.0	4.0~6.0

2. 火焰能率

气焊火焰能率用每小时乙炔消耗量（L/h）来表示，其大小与被焊工件的厚度、被焊金属的热物理性质（熔点，导热性）及焊接位置等有关。

乙炔消耗量与焊件厚度的关系为

$$V=K\delta$$

式中：V——乙炔消耗量（L/h）；

K——系数，对不同材料由实验确定，一般对低碳钢、铸铁等，取 $K=100$；纯铜，取 $K=140$；18/8 不锈钢，取 $K=75$；

δ——焊件厚度（mm）。

3. 焊嘴倾角

焊嘴与焊件间的夹角称焊嘴倾角。焊嘴倾角的大小视工件厚度、焊嘴大小及施焊位置而定。焊一般低碳钢时，工件越厚，倾角越大，以便加热集中。

4. 焊接速度

焊接速度应根据焊工操作熟练程度由其自己掌握。

四、气焊操作

1. 点火、调节火焰与灭火

（1）点火：点火时，先微开氧气阀门，再开乙炔阀门，随后用明火点燃。

（2）调节火焰：先根据焊件材料确定应采用哪种氧乙炔焰，并调整到所需的那种火焰，再根据焊件厚度调整火焰大小。

（3）灭火：灭火时，应先关乙炔阀门，再关氧气阀门。

2. 基本焊法

气焊时，一般用左手拿焊丝，右手拿焊炬，两手的动作要协调，沿焊缝向左或向右焊接。

焊接热源从接头右端向左端移动，并指向待焊部分的操作法，称为左焊法，焊嘴轴线的投影应与焊缝重合，与焊缝一般保持 30°～50°的夹角，如图 5-2-2 所示。左焊法主要适用于焊接厚度 3 mm 以下的薄板和低熔点的金属。这种焊法容易掌握，应用最普遍。

焊接热源从接头左端向右端移动并指向已焊部分的操作法，称之为右焊法，如图 5-2-3 所示。这种焊法适用于焊接厚度较大、熔点较高的焊件。

3. 焊丝填充

起焊时，不但要注意熔池的形成情况，还要将焊丝末端置于外层火焰下进行预热。当熔池形成后，才可将焊丝送入熔池，接着将焊丝迅速提起，同时火焰向前动，以便形成新的熔池。待新的熔池形成后，再将被火焰预热的焊丝送入熔池，如此循环，就形成了焊缝。

在操作过程中，应掌握好焊炬向前移动的速度，使熔池的形状和大小始终保持一致。气焊厚度不超过 1 mm 时，可不填充焊丝。

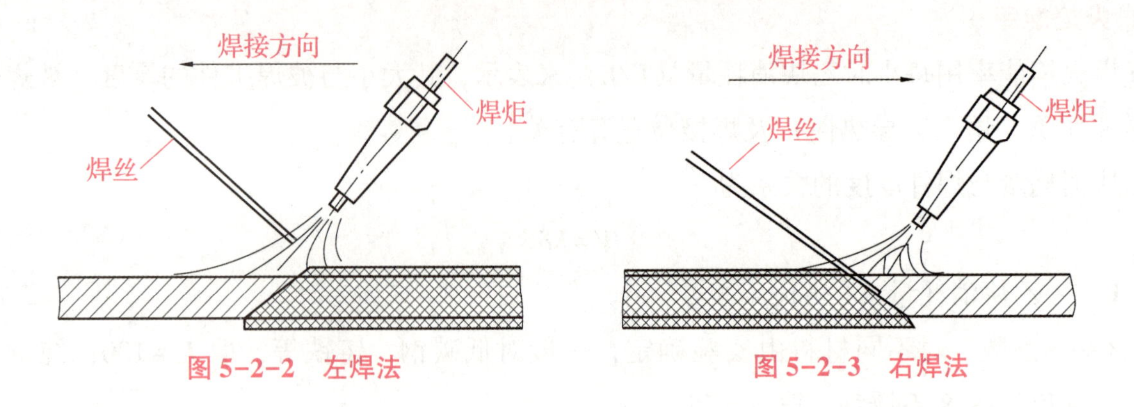

图 5-2-2　左焊法　　图 5-2-3　右焊法

4. 焊嘴倾角的选择

焊接中，要注意掌握好焊嘴与工件的夹角，即焊嘴倾角 α。焊嘴倾角与工件厚度的关系如图 5-2-4 所示。α 大，火焰热量散失小，工件加热快，温度高。当焊接厚度大、熔点较高或导热性较好的焊件时，α 要大一些。

焊接开始时，为了较快地加热工件和迅速形成熔池，α 应大些，可取 80°~90°；正常焊接时，α 一般保持在 30°~50°之间；当焊接结束时，α 应适当减小，以便更好地填满弧坑和避免焊穿。

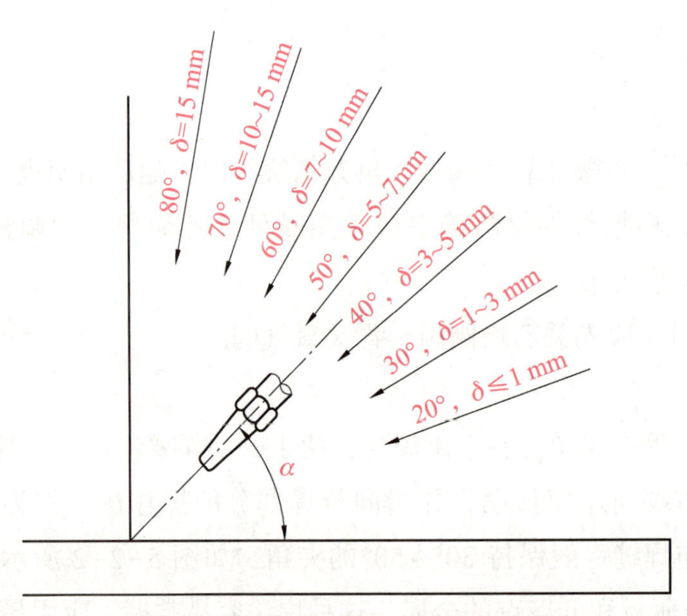

图 5-2-4　焊嘴倾角与工件厚度的关系

5. 焊嘴和焊丝的摆动

焊接中，焊嘴和焊丝应作均匀协调的摆动，才能获得优质、美观的焊缝。焊嘴和焊丝的摆动有 3 个方向，如图 5-2-5 所示。

(1) 沿焊缝方向作前进运动，不断熔化焊件和焊丝而形成焊缝。

(2) 在垂直于焊缝方向作上下跳动。

(3) 在焊缝宽度方向作横向摆动（或作圆圈运动）。

焊嘴和焊丝的摆动方法及幅度与焊件的厚度、材质、空间位置及焊缝尺寸有关，如图 5-

2-6 所示。上面 3 种方法适用于厚度较大焊件的焊接和堆焊，下面一种方法适用于薄板的焊接。

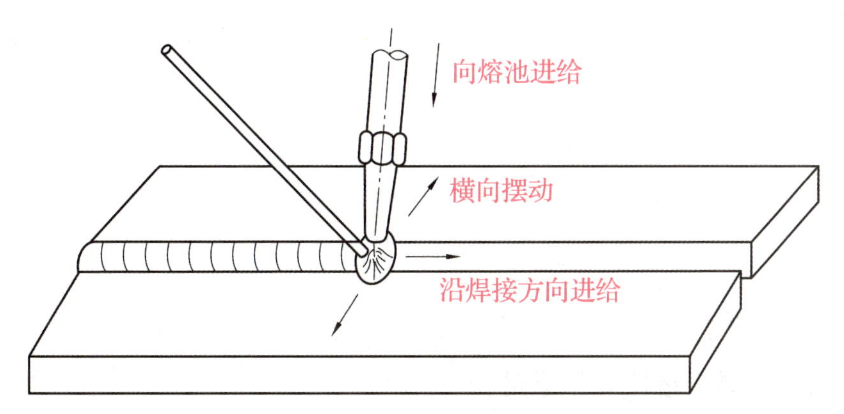

图 5-2-5 焊嘴和焊丝摆动的方向

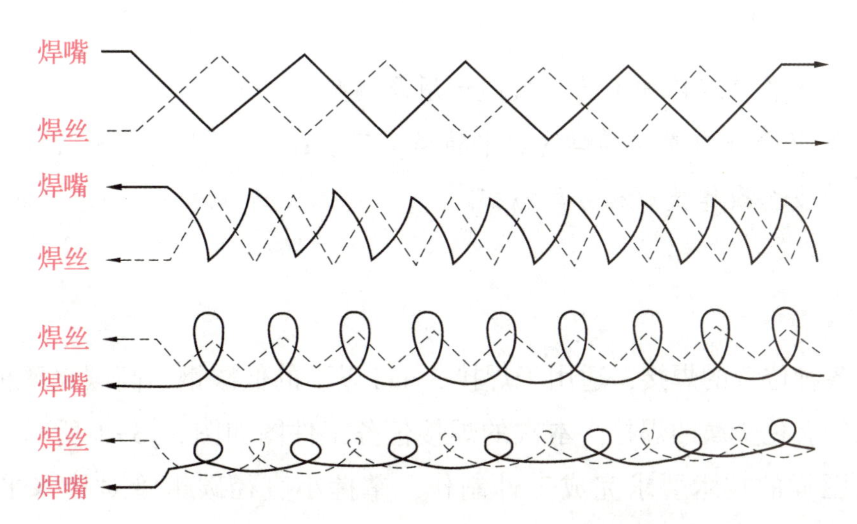

图 5-2-6 焊嘴和焊丝的摆动方法

6. 焊缝的连接

后焊焊缝与先焊焊缝连接时，应用火焰将原熔池周围充分加热，如图 5-2-7 所示，待已凝固的熔池及附近的焊缝金属重新熔化又形成熔池后，方可熔入焊丝。焊接重要焊件时，接头处必须重叠 8~10 mm。

图 5-2-7 加热焊缝

7. 收尾

焊到焊缝终端时，结束焊接的过程称为收尾。收尾时，由于焊件温度较高，散热条件较差，故应减小焊嘴的倾角和加快焊接速度，并要多加焊丝，以防止熔池面积扩大或产生烧穿。收尾时，还要用温度较低的外焰保护熔池，直至熔池填满，方可使火焰慢慢地离开熔池。总之，气焊收尾的要领是：倾角小，焊速增，送丝快，熔池满。

若出现熔池不清晰且有气泡、火花飞溅加大或熔池内金属沸腾的现象，说明火焰选择不当，此时应及时将火焰调节成中性焰。

任务1 V形坡口碳钢管对接水平转动气焊焊接

一、任务目标

知识要求：

（1）掌握氧乙炔气焊原理；

（2）掌握氧乙炔气焊火焰性质和选用；

（3）了解气焊焊接工艺的实际应用范围。

技能要求：

（1）掌握气焊设备的连接和工艺参数的选用及调整；

（2）掌握气焊V形坡口管对接焊的水平转动焊工艺；

（3）掌握气焊安全操作技能和劳动防护。

二、任务导入

气焊适用于各种位置的焊接，适用于焊接3 mm以下的低碳钢、高碳钢薄板，适用于铸铁焊补以及铜、铝等有色金属的焊接。本次的焊接任务工件图如图5-3-1所示，要求能准确识读图样，并按照图样的技术要求完成工件制作，掌握小直径碳钢管对接水平转动气焊操作技能。

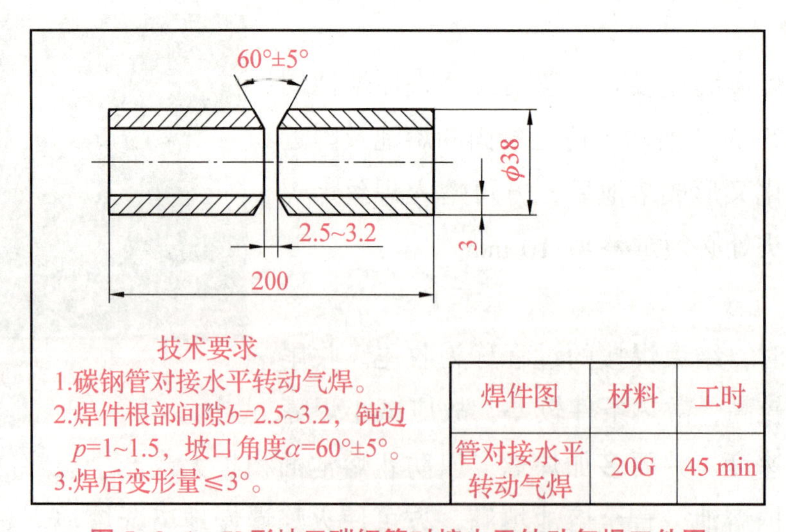

图5-3-1 V形坡口碳钢管对接水平转动气焊工件图

三、任务分析

管对接水平转动气焊是试件在焊接过程中，始终保持熔池在 3 点方向到 12 点方向的爬坡位置和平焊位置的焊接，并将管接头放在转动台或滚杆上，沿着管轴心进行水平转动，如图 5-3-2 所示。

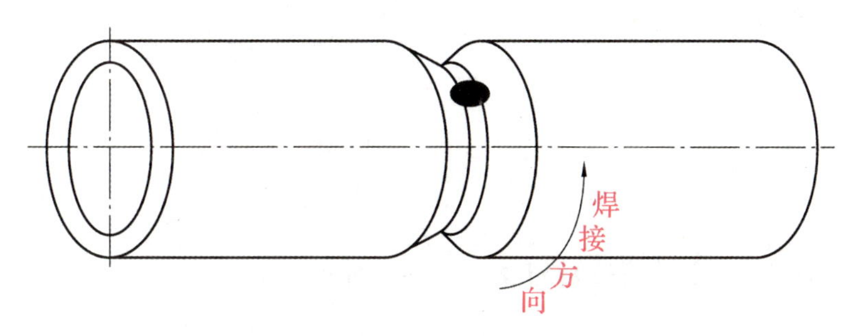

图 5-3-2　管对接水平转动焊示意图

气焊时采用中性焰，操作过程中保持气焊焊嘴的高度和角度，及火焰移动速度，使试件坡口根部烧穿形成熔孔，并控制好熔孔形状和大小，保证熔透和良好的焊缝外观成形。

四、任务实施

1. 焊前准备

（1）试件材料：20G。

（2）试件尺寸：ϕ38 mm×3 mm×200 mm，30°±5°坡口，

（3）焊接材料：焊丝型号 H08Mn2SiA，焊丝直径为 2. 5 mm。

（4）焊炬型号：H01-6。

（5）调节气表气体工作压力：乙炔 0. 03～0. 05 MPa，氧气 0. 3～0. 5 MPa。

（6）按照安全操作要求，穿戴劳保用品，准备焊接辅助工具。辅助工具有：金属直尺、游标卡尺、焊接检测尺、钢丝刷、活扳手、手钳、螺钉旋具、手锯、点火枪、风镜、敲渣锤、角磨机、手电筒等。

2. 试件装配

（1）钝边：1～1. 5 mm，无毛刺。

（2）试件清理：将试件焊缝周边 20 mm 范围内进行打磨，清除油、锈等杂质。

（3）装配：管对接装配间隙为 2. 5～3. 2 mm，错边量不大于 0. 8 mm。

（4）定位焊：定位焊点焊 3 处，如图 5-3-3 所示。焊缝长度为 8～10 mm，要求焊透，不得有气孔、夹渣、未焊透等缺陷。定位焊的焊点两端可修磨成斜坡，以利于接头熔合良好。

（5）试件位置：检查试件装配符合要求后，将管状试件按要求水平位置固定。

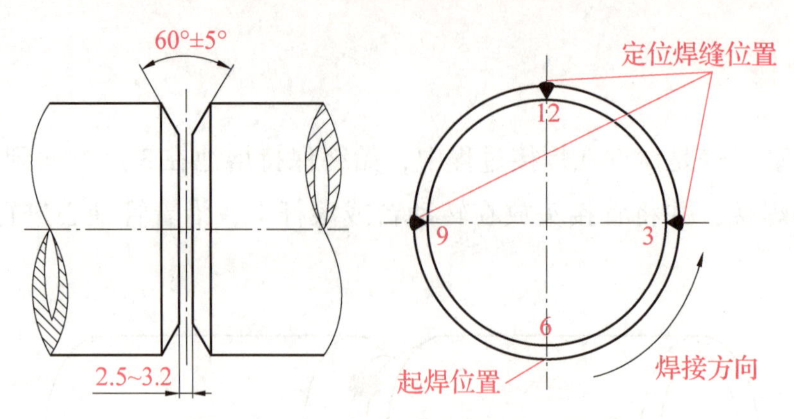

图 5-3-3　V 形坡口小直径管定位焊

3. 焊接工艺参数

此次任务实际操作的焊接工艺参数如表 5-3-1 所示。

表 5-3-1　V 形坡口碳钢管对接水平转动气焊焊接工艺参数

焊接层次	焊丝直径/mm	焊嘴型号	火焰性质	火焰能率	焊嘴倾角/(°)	焊接方向
单层单道	2.5	2 号	中性焰	适中	60~80	水平转动

4. 操作要点

（1）点火时，先微开氧气阀门，然后打开乙炔阀门，用明火（可用电子枪或低压电火花等）点燃火焰，并调整至中性焰。

（2）焊接过程中，当发生回火时，必须迅速地关闭预热氧气和切割氧气阀门及时切断氧气以防止氧气倒流入乙炔管内。乙炔胶管在使用中遇脱落、破裂或者着火时，可用弯折后一段胶管的办法将火熄灭。

（3）焊接完毕需熄火时，应先关乙炔阀门，再关氧气阀门，以免发生回火和减少烟尘。

五、任务评价

1. 焊接综合评价

（1）气焊设备连接正确，气表、气管、焊炬、回火防止器连接紧密无泄漏。

（2）氧气和乙炔气工作压力调节规范。

（3）气焊焊接工艺参数选用得当，火焰性质、火焰能率选用得当。

（4）焊炬操作姿势正确，焊炬阀门位置和开启方向正确。

（5）焊接过程中，能通过气焊火焰温度，将熔池的形状、大小、温度，熔孔的形成、大小控制得当。

（6）焊缝外表成形美观，背面能焊透成形。

（7）安全操作规范到位，能识别、判断和安全处理回火现象。

2. 焊接评分标准

V 形坡口小直径碳钢管水平转动气焊评分标准如表 5-3-2 所示。

表 5-3-2　V 形坡口小直径碳钢管水平转动气焊评分标准

序号	考核项目	考核要求	配分	评分标准	得分
1	焊缝外观质量	表面无裂纹	5	有裂纹不得分	
2		无烧穿	5	有烧穿不得分	
3		无焊瘤	8	每处焊瘤扣 0.5 分	
4		无气孔	5	每个气孔扣 0.5 分，直径大于 1.5 mm 不得分	
5		无咬边	7	深度大于 0.5 mm，累计长 15 mm，扣 1 分	
6		无夹渣	7	每处夹渣扣 0.5 分	
7		无未熔合	7	未熔合累计长 10 mm，扣 1 分	
8		焊缝起头、接头、收尾无缺陷	8	起头收尾过高，接头脱节每处扣 1 分	
9		焊缝宽度不均匀不大于 2 mm	7	焊缝宽度变化大于 2 mm，累计长 30 mm，不得分	
10		焊缝高度不均匀不大于 2 mm	5	焊缝高度变化大于 2 mm，累计长 30 mm，不得分	
11	焊缝内部质量	管内部焊缝未熔透、焊瘤	5	有未熔透、焊瘤，不得分	
		管内部焊缝内部成形	5	内部焊缝高度、宽窄不均匀，不得分	
12	焊缝外形尺寸	焊缝宽度比坡口每侧增宽 0～2.5 mm，宽度差不大于 3 mm	8	每超差 1 mm，长度累计 20 mm，扣 1 分	
13		焊缝余高差不大于 2 mm	8	每超差 1 mm，累计 20 mm，扣 1 分	
14	安全生产	违章从得分中扣分	10		
15	总分		100	总得分	
考试计时：自　　时　　分至　　时　　分止					

六、任务拓展

问题 1：气焊工艺采用的可燃气体，除了乙炔之外，还有哪些气体？

问题 2：怎样识别气焊是否回火？如果发生回火，应怎样迅速安全处理？

问题 3：氧乙炔气焊和火焰钎焊有何区别？

任务2 碳钢四方盒气焊焊接

一、任务目标

知识要求：

（1）掌握氧乙炔气焊火焰能率的调整因素；

（2）掌握氧乙炔气焊工件的接头形式选用；

（3）掌握气焊焊接质量评判标准。

技能要求：

（1）掌握气焊设备的连接和工艺参数选用及调整；

（2）掌握碳钢四方盒气焊（角平焊、角立焊）焊接工艺；

（3）熟练掌握气焊安全操作技能和劳动防护。

二、任务导入

本次的焊接任务工件图如图5-4-1所示，要求能准确识读图样，并按照图样的技术要求完成工件制作，掌握碳钢四方盒气焊（角平焊、角立焊）焊接工艺。

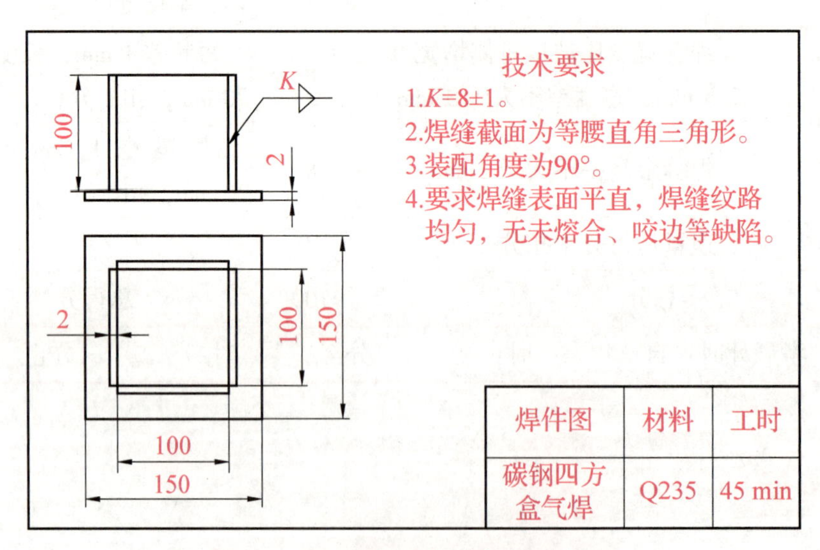

图5-4-1 碳钢四方盒气焊工件图

三、任务分析

（1）角接接头是指两焊件端面间夹角为 30°～135°的接头，此接头形式常用于箱形结构中。

（2）立焊是指沿接头由上而下或由下而上焊接。焊缝倾角 90°（立向上）、270°（立向下）的焊接位置，称为立焊位置。

（3）碳钢四方盒焊接过程中，底板始终保持平面位置。要完成底板 4 条角平焊焊缝和立板 4 条立焊焊缝的焊接。

（4）焊接过程中，要适当控制焊接能率，合理采用对称焊、分段焊等方法，控制试件尺寸和变形量。

四、任务实施

1. 焊前准备

（1）试件材料：Q235。

（2）试件尺寸及数量：底板 1 块，150 mm×150 mm×2 mm；立板 4 块，100 mm×100 mm×2 mm。

（3）焊接材料：焊丝型号 H08Mn2SiA，焊丝直径为 2.5 mm。

（4）焊炬型号：H01-6。

（5）调节气表气体工作压力：乙炔 0.03～0.05 MPa，氧气 0.3～0.5 MPa。

（6）按照安全操作要求，穿戴劳保用品，准备焊接辅助工具。辅助工具有：金属直尺、游标卡尺、焊接检测尺、钢丝刷、活扳手、手钳、螺钉旋具、手锯、点火枪、风镜、敲渣锤、角磨机、手电筒等。

2. 试件装配

（1）清理：将试件焊缝周边 20 mm 范围内进行打磨，清除油、锈等杂质。

（2）装配：根据图纸装配成如图 5-4-2 所示的四方盒，接头处不留装配间隙。

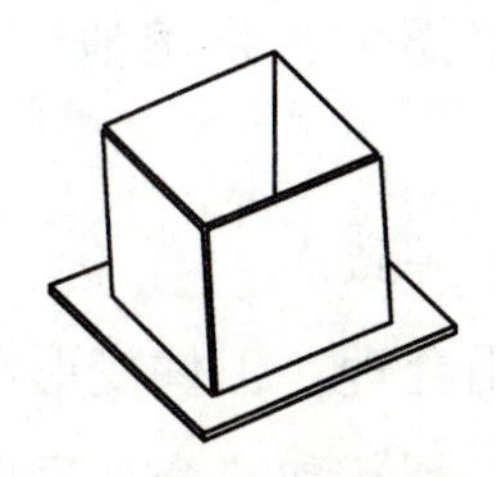

图 5-4-2　四方盒装配示意图

（3）定位焊：试件每条焊缝的定位焊平均对称点焊 3 处，定位焊缝长度为 8～10 mm，要求熔合良好，不得有气孔、夹渣、未熔合等缺陷。定位焊的焊点两端可修磨成斜坡，以利于接头熔合良好。

（4）试件位置：检查试件装配符合要求后，将四方盒试件按要求水平放置。

3. 焊接工艺参数

此次任务实际操作的焊接工艺参数如表 5-4-1 所示。

表 5-4-1　碳钢四方盒气焊（角平焊、角立焊）焊接工艺参数

焊接层次	焊丝直径/mm	焊嘴型号	火焰性质	火焰能率	焊嘴倾角/(°)	焊接方向
单层单道	2. 5	2 号	中性焰	适中	60~80	平焊加立焊

4. 操作要点

（1）气焊火焰采用中性焰。

（2）角平焊采用左焊法，焊接热源从接头右端向左端移动，并指向待焊部分，主要适用于焊接厚度 3 mm 以下的薄板。

（3）角立焊采用立向上焊接，保持焊嘴向上 60°~80°的倾角，避免熔池下流，形成焊瘤。

（4）焊接过程中，合理采用对称焊、分段焊等方法，控制试件尺寸和变形量。

（5）焊接过程中，合理控制火焰能率，根据火焰温度下，熔池的温度状态（颜色）、形状和大小，并均匀向熔池中添加焊丝，保证良好的焊接熔化状态和焊缝成形。

（6）焊接过程中，当发生回火时，必须迅速地关闭预热氧气和切割氧气阀门，避免烧坏焊炬及胶管，发生着火危险。

（7）焊接完毕需熄火时，应先关乙炔阀门，再关氧气阀门，以减少烟尘和避免发生回火。

五、任务评价

1. 焊接综合评价

（1）气焊设备连接正确，气表、气管、焊炬、回火防止器连接紧密无泄漏。

（2）氧气和乙炔气工作压力调节规范。

（3）气焊焊接工艺参数选用得当，火焰性质、火焰能率适用得当。

（4）焊炬操作姿势正确，焊炬阀门位置和开启方向正确。

（5）焊接过程中，能通过气焊火焰温度，将熔池形状、大小和温度控制得当，熔池的形成和大小控制得当。

（6）焊缝外表成形美观，高低宽窄一致。

（7）试件焊接顺序、焊接位置选用合理，工件变形小。

（8）安全操作规范到位，能识别、判断和安全处理回火现象。

2. 焊接评分标准

碳钢四方盒气焊（角平焊、角立焊）焊接工艺评分标准如表 5-4-2 所示。

表 5-4-2 碳钢四方盒气焊（角平焊、角立焊）焊接工艺评分标准

序号	考核项目	考核要求	配分	评分标准	得分
1	焊缝外观质量	表面无裂纹	5	有裂纹不得分	
2		无烧穿	5	有烧穿不得分	
3		无焊瘤	8	每处焊瘤扣 0.5 分	
4		无气孔	5	每个气孔扣 0.5 分，直径大于 1.5 mm 不得分	
5		无咬边	7	深度大于 0.5 mm，累计长 15 mm，扣 1 分	
6		无夹渣	7	每处夹渣扣 0.5 分	
7		无未熔合	7	未熔合累计长 10 mm，扣 1 分	
8		焊缝起头、接头、收尾无缺陷	8	起头收尾过高，接头脱节每处扣 1 分	
9		焊缝宽度不均匀不大于 2 mm	7	焊缝宽度变化大于 2 mm，累计长 30 mm，不得分	
10		焊缝高度不均匀不大于 2 mm	5	焊缝高度变化大于 2 mm，累计长 30 mm，不得分	
11	焊缝内部质量	试件背面未熔透、焊瘤	8	有未熔透、焊瘤，不得分，一条焊缝扣 2 分，直至扣完	
12	焊缝外形尺寸	焊缝宽度不大于 4mm	4	每超差 1 mm，长度累计 20 mm，扣 1 分	
13		角平焊焊角尺寸不小于 2mm	4	每条焊缝超差 1 mm，累计 20 mm，扣 1 分，直至扣完	
14	焊接变形	底板平面度变形量不大于 3 mm	2	每个面的平面度变形量大于 3 mm，扣 2 分	
15		立板平面度变形量不大于 3 mm	8		
16	安全生产	违章从得分中扣分	10		
17	总分		100	总得分	
考试计时：自　　时　　分至　　时　　分止					

六、任务拓展

问题1：气焊工艺实施过程中，除了采用对称焊、分段焊之外，还可以采用哪些方法控制工件焊接变形？

问题2：气焊是利用可燃气体与助燃气体混合燃烧生成的火焰为热源，采用乙炔作为可燃气体的优势有哪些？除了乙炔，还有哪些助燃气体可以选用？

参考文献

[1] 雷世明．焊接方法与设备[M]．3 版．北京：机械工业出版社，2019.

[2] 郭玉利．焊接技能实训[M]．1 版．北京：北京理工大学出版社，2014.

[3] 陈祝年．焊接工程师手册[M]．2 版．北京：机械工业出版社，2010.

[4] 张富建．焊工理论与实操[M]．2 版．北京：清华大学出版社，2016.

[5] 曾乐．现代焊接技术手册[M]．上海：上海科技出版社，1993.

[6] 王新民．焊接技能实训[M]．2 版．北京：机械工业出版社，2011.

[7] 中国机械工程学会焊接学会．焊接手册[M]．3 版．北京：机械工业出版社，2016.

[8] 邱葭菲．焊接技能实训与考证[M]．2 版．北京：化学工业出版社，2016.

[9] 邱葭菲，李继三．焊工（初级、中级、高级）——职业技能鉴定教材[M]．2 版．北京：中国劳动社会保障出版社，2016.